よくわかる機械加工

小山真司・鈴木孝明
荘司郁夫・小林竜也［共著］

森北出版

まえがき

本書は，機械系あるいは材料系の大学生や高等専門学校生，さらにこれから加工関係の業務に従事する技術者を対象とした,加工学の教科書である．新材料の発見，新しい加工技術の開発，制御技術の精度向上などにより，加工技術分野は目覚ましい進展を遂げている．本書の執筆に際しては，こうした加工技術の進展をとくに意識した．具体的には以下のような点である．

- 加工技術として現代的に重要と思われるものを選んだ．とくに，プラスチック成形加工と微細加工については，章を割いて解説している．これらは，従来の教科書では取り上げられていることが少ないが，現代の製品設計において重要な役割を担っている．
- 加工を受ける側から見た材料の性質について解説した．材料の性質は加工法の選択に大きな影響を与え，最終製品の品質に直結する．この観点は，従来の教科書ではしばしば見過ごされていた．

なお，限られた紙面で数多くの加工技術を取り上げたため，各加工法の解説はポイントを絞ってある．各加工法を深く学びたい場合は，ほかの専門書を参考にしていただきたい．

最後に，執筆にあたって参考にさせていただいた書籍等の著者の方々に心よりお礼を申し上げます．加えて，出版にあたりたくさんのご助言を頂きました森北出版の福島崇史氏をはじめとする皆様方に感謝申し上げます．

2024 年 5 月

著者代表　小山真司

目次

第1章 加工とは

日常生活で使用する家電や乗り物などのさまざまな工業製品は，金属，プラスチックおよびガラスをはじめとする種々の材料や部品からできている．これらの大小さまざまな部品を作り出すためには，それぞれの目的に応じた材料を選択し，決められた形状や精度のもと，加工が施される．たとえばスマートフォンにおいては，筐体はプレスなどの金属塑性加工，内部にはプラスチック成形加工が施されており，電子部品内部にははんだ付のほか，各種微細加工が用いられている（図 1-1）．また自動車であれば，ボディの接合には各種溶接技術が（図 1-2），エンジンには鋳造や切削，研削などの加工が施されている（図 1-3）．したがって，工業製品を完成させるためには，切削や鋳造，さらには溶接などの各種加工法について理解を深め，製作図の指示のもと最適な加工法を選択しなければならない．

本章では，各種加工法の分類，加工を受ける材料の性質に加えて，工作物のサイズや形状の複雑性について述べる．

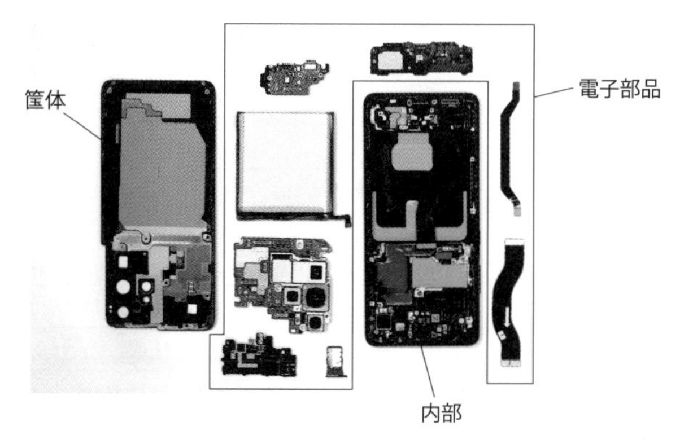

図 1-1　スマートフォンの構造

図 1-2　自動車のボディ溶接

図 1-3　鋳造により製作された，アルミニウム合金のエンジン部品 [1]

1-1 加工法の分類

加工法の分類法にはさまざまなものがあるが，表 1-1 に示すような工作機械による分類が一般的である．なお表中の素形材 (raw material) とは，最終形状になる

表 1-1　工作機械による加工法の分類 [2]

<table>
<tr><th>大分類</th><th>中分類</th><th colspan="3">加工法</th></tr>
<tr><td rowspan="6">除去加工</td><td rowspan="4">機械的除去</td><td rowspan="2">切削</td><td>連続切削加工</td><td>ドリル，リーマ，タップ，バイト（旋削，平削り，形削り，中ぐり）</td></tr>
<tr><td>断続切削加工</td><td>フライス，ホブ</td></tr>
<tr><td rowspan="2">砥粒</td><td>固定砥粒加工</td><td>研削（円筒，内面，平面），ホーニング，超仕上げ，バフ仕上げ</td></tr>
<tr><td>遊離砥粒加工</td><td>ラッピング，バレル加工，超音波加工</td></tr>
<tr><td>化学的･電気化学的除去</td><td colspan="3">電解加工，電解研磨，エッチング，化学研磨，ケミカルミーリング（腐食加工）</td></tr>
<tr><td>熱的除去</td><td colspan="3">放電加工，電子ビーム加工，レーザ加工，プラズマ加工</td></tr>
<tr><td rowspan="2">付加加工</td><td>接合</td><td colspan="3">溶接，電気抵抗，固相接合，圧接，ろう・はんだ付</td></tr>
<tr><td>被覆</td><td colspan="3">溶射，めっき，蒸着，塗装，肉盛り</td></tr>
<tr><td rowspan="2">成形加工</td><td>個体以外の素形材</td><td colspan="3">鋳造，射出成形，圧縮成形，焼結</td></tr>
<tr><td>固体の素形材</td><td colspan="3">バニシ仕上げ，ショットピーニング，圧延，引抜き，押出し，鍛造，曲げ，絞り，せん断</td></tr>
</table>

一つ前の素材製品のことである．

1-1-1 除去加工

除去加工（removal processing）は，不要な部分を取り除くことで部品を成形し，目的の形状を得る加工法である．除去加工には，機械的除去，熱的除去，および化学的・電気化学的除去法などがある．熱的除去および化学的・電気化学的除去は特殊加工ともよばれる．

(1) 機械的除去法

機械的除去法には切削加工（→第3章）と砥粒加工（→第4章，第5章）がある．切削加工は，除去加工時に生成される切りくずの排出様式から，連続切削加工と断続切削加工に分類される．連続切削加工は，刃物が工作物に接しており，連続して切りくずが生成される加工法であり，旋削や穴あけ加工などが属する．一方，断続切削加工は刃物または工作物が1回転する際に切りくずが生成されないタイミングを有する加工法であり，フライス加工などが属する．

砥粒加工は，砥粒の保持方法の違いから，固定砥粒加工と遊離砥粒加工に分類される．固定砥粒加工には，円筒，内面などの研削加工が属しており，ホーニング加工や超仕上げなどがある．一方，遊離砥粒加工にはラッピングやバレル加工などがある．

(2) 熱的除去法

熱的除去法には，熱源の違いにより，放電加工，レーザ加工，プラズマ加工，および電子ビーム加工などがある（→第6章）．主にエネルギーを高密度化して工作物に作用させ，溶融あるいは気化させて除去する．

(3) 化学的・電気化学的除去法

化学的除去法には，水酸化ナトリウムや塩化水素などからなる溶液中で金属材料の加工したい箇所を溶解させる腐食加工や，研磨と組み合わせて工作物表面に平滑かつ光沢を与える化学研磨などがある．一方，電気化学的除去法とは，電解液中で陽極の工作物に電気を通じて工作物を溶出させることで除去加工を施す加工法であり，エッチング，電解加工，および電解研磨などが属する．これらの除去法は，とくに半導体製造装置によく用いられている（→第10章）．

1-1-2　付加加工

付加加工 (additive processing) は，製作図の指示どおりの形状あるいは性能を与えるため，工作物を組み合わせる，あるいは材料を付加する加工法である．たとえば溶接，ろう付などの接合，溶射およびめっきなどが属する (→第7章)．近年，摩擦撹拌接合をはじめとする，摩擦熱を利用した固相状態での接合法も実用化されている．また広義には，3D プリンティング (→第9章) が含まれることもある．これは，2次元の層を1層ずつ積み重ねていくことによって3次元モデルを製作する，積層造型技術である．

1-1-3　成形加工

成形 (変形) 加工 (mold processing) とは，素材に変形を与えて部品や製品を得る加工法であり，素形材の種類によって次の二つに分類できる．

(1) 素形材が液体・粉体の場合

不定形の素形材から固体の部品や製品を成形する．たとえば鋳造 (→第2章) は溶融状態の金属を凝固させ，粉末成形は粉体状の原材料粉末を焼結させることで固体製品を得る．また，射出成形や押出成形 (→第9章) は，粒状，粉末状の無定形なプラスチックを，型を使って所定の形状と寸法に成形する加工法である．

(2) 素形材が固体の場合

工具を用いて固体の素形材の形状を変化させて製品を成形する．塑性変形，すなわち大きな変形を与えることで元の形状に戻らない永久変形を生じさせることで製品形状を得る．したがって塑性加工とよばれ，圧延，鍛造，および引抜きなどが属する (→第8章)．

また，それぞれの加工法には，表1-2に示すような影響因子がある．たとえば素形材が液体である鋳造などの場合には，主として融点，熱膨張表面張力，および粘性などの物理的性質が影響因子となり，機械的性質は問われない場合が多い．一方で，素形材が固体である切削加工や成形加工などの場合には，主として機械的性質に支配されることになる．このように加工においては，各種加工機械や工具の理解に加えて，次節で述べるように，工作物素材の性質も理解しておくことが重要である．なお，表1-2中の加工硬化 (work hardening) とは，金属に常温で塑性変形を加えると，変形量に応じて硬化することをいう．

表 1-2　加工法に影響を与える因子（[3] をもとに作成）

	物理的性質							機械的性質								冶金的性質					その他	
	融点	再結晶温度	熱伝導	熱膨張	表面張力	粘性	拡散係数	降伏強さ	引張強さ	伸び	絞り	硬さ	加工硬化	変形能	変形抵抗	合金元素	結晶粒度	異方性	非金属介在物	組織	表面状態	雰囲気
鋳造	◎			◎	◎	◎										◎				○	○	◎
鍛造	○	◎	◎	◎				○	◎	◎	◎	◎	◎	◎	◎		○	◎	◎		◎	
成形加工		◎	○					◎	◎	◎	◎		◎	◎			◎	◎	○		◎	
溶接	◎		◎		◎	◎	○			◎	◎					◎			◎	◎	○	○
切削加工	○	○	○	○				◎	◎	○		◎	◎		◎		○	○	○	○	◎	○
研削加工	○	○	○	◎				◎	◎	○		◎	◎		◎		○	○	○	○	◎	○
精密加工		○						○	○	○		◎	◎	○	○		○		○	○		
特殊加工	◎		◎									○				○		○	○	◎	◎	◎
微細加工	◎	◎	◎	◎	◎	◎	◎					○				○		○	○	◎	◎	◎

◎：大いに影響あり，○：やや影響あり，無印：影響は少ない．

1-2 加工に用いられる材料の種類や性質

目的とする部品を製造するには，たとえば以下に示すような事項を考慮しなければならない．

- **材料の種類：**金属，プラスチック，セラミック，複合材料
- **材料の性質：**機械的性質，物理・化学的性質，熱処理・表面処理特性
- **部品のサイズ，形状の複雑さ：**加工時の力や熱による変形
- **精度：**寸法公差，幾何公差，表面粗さ
- **コスト：**ツーリング（切削工具を工作機械に取り付ける部品）設計とそのコスト
- **効率：**製造開始までのリードタイム，素材の工具寿命への影響，部品や製品の生産個数，生産速度

とくに，工業製品を構成する材料は多岐にわたる．そこで，加工を受ける観点から見た各種材料の特徴を以下にまとめておく．

1-2-1　鋼

一般的な製鉄方法では，まず鉄鉱石から炭素を多く含む銑鉄を作る．次に，それを脱炭精錬して凝固させ，铸塊あるいは铸鋼を得る．その後，炭素量をコントロールすることで炭素鋼などを得て，脱酸して鋼を作る．鋼は脱酸の程度により次の3種類に分けられ，酸素含有量によって素材の加工性が変化する．

- **リムド鋼（軽度脱酸）**：圧延のまま使用できることが多い．
- **セミキルド鋼（やや完全脱酸）**：リドム綱に比べると制限が少なく，キルド鋼とリドム綱の中間的特性．
- **キルド鋼（完全脱酸）**：切削や鍛造，深絞りなどの加工に適する．

図1-4に，キルド鋼を用いた塑性加工後のカーエアコン用のクラッチ部品を示す．

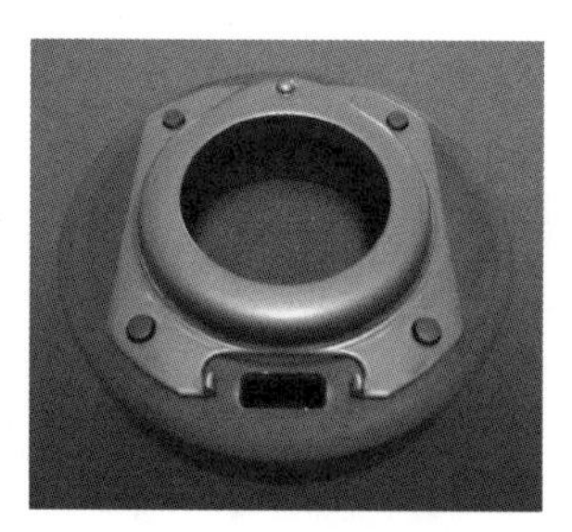

図1-4　塑性加工後のカーエアコン用のクラッチ部品[4]

1-2-2　非鉄金属

(1) 銅合金

高価である銅を節約すると同時に，強度や耐食性の向上を目的として，多くの銅合金が実用されている．図1-5に，各種コネクタ・スイッチなどに利用されるベリリウム銅合金を示す．これらは，圧延などの塑性加工により製造される．

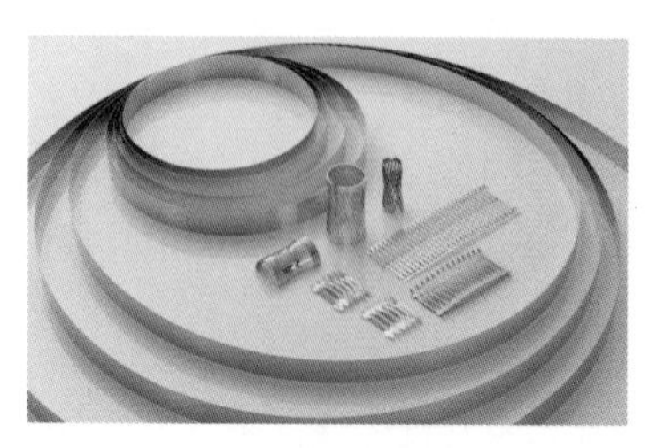

図1-5　各種コネクタ・スイッチなどに利用されるベリリウム銅合金[5]

(2) アルミニウム合金

純アルミニウムは軽量で耐食性が高く，圧延も容易で加工性が良好であるため，冷間加工を施すことで加工硬化させ，構造部材として使用される．また，アルミニウム合金は比較的融点が低いので，図 1-6 に示す自動車用変速機など，鋳造においても多用される素材である．

図 1-6　鋳造で製作された，アルミニウム合金製の自動車用変速機 [6]

(3) チタン合金

純チタンの比重は 4.5 であり，鉄の 7.9 とアルミニウムの 2.7 の中間で，融点は 1820℃と鉄より高い．また，チタンは室温で稠密六方格子（hcp）構造のため冷間加工が難しい．そこで，885℃以上に加熱して体心立方格子（bcc）構造に変態させてから熱間加工が行われる．最も生産されているチタン合金は Ti-6Al-4V 合金で，鋳造性，溶接性，および塑性加工性に優れており，図 1-7 に示す半導体製造装置などに利用される中空部品に用いられている．一方で，切削加工は難しい．

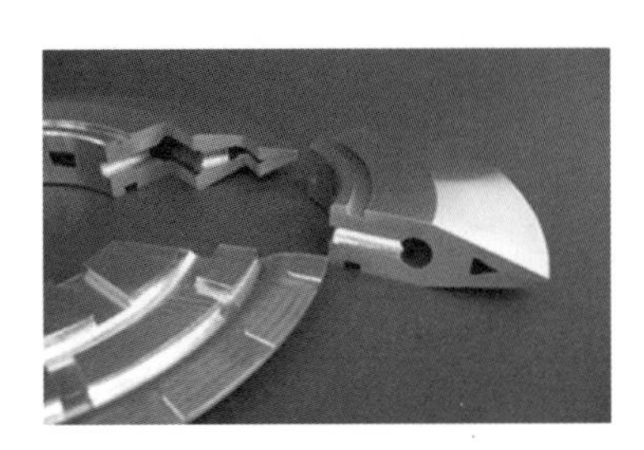

図 1-7　拡散接合で製作された，チタン合金製の中空部品 [7]

1.2.3　非金属

(1) 高分子材料

機械材料として多用されるのは合成樹脂（プラスチック）であり，熱に対する挙動から，熱硬化性樹脂と熱可塑性樹脂に分類される．熱硬化性樹脂は，型を用いて熱を加えることで硬化成形可能で，再び加熱しても軟化しない．一方で，熱可塑性樹脂は加熱すると融け，冷却すると固まるため，再生が可能である．図1-8は，熱可塑性樹脂と炭素繊維の複合材料からなる炭素繊維強化プラスチック（Carbon Fiber Reinforced Plastics: CFRP）の例である．

図1-8　熱可塑性CFRP[8]

(2) セラミック

融点が2000℃を超える高強度な材料であるが，金属に比べてはるかに脆いため，加工法が限定される．代表的な加工法は粉末焼結である．この加工法は，原料粉末（酸化アルミニウム，ジルコニア，窒化ケイ素，および炭化ケイ素など）を少量の結合剤（焼結助剤）とともに型に入れ，不活性ガス中で加圧・加熱して焼結することで成形する方法である．図1-9に，不純物除去・除菌可能なセラミック製のフィルターを示す．

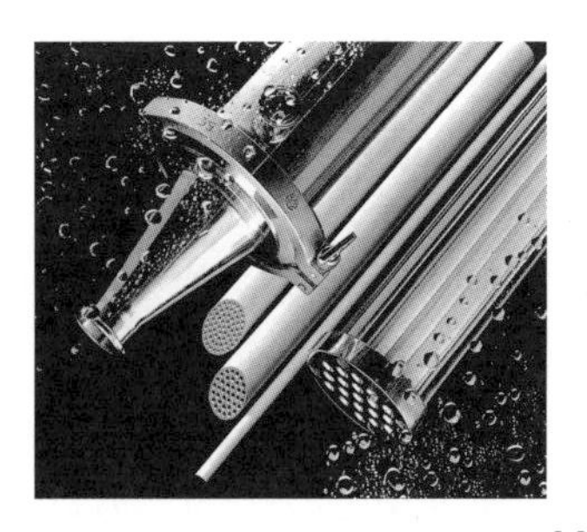

図 1-9　セラミック製のフィルター[9]

1-2-4　半金属

元素の分類において，金属と非金属の中間の性質を示す物質のことを半金属とよぶ場合がある．半金属の特徴的な性質としては，脆性，半導体性，金属光沢，酸化物の示す両性などが挙げられる．半金属の単体もしくはその化合物は，ガラス，半導体，合金の構成元素として広く利用されている．

半金属の代表例であるシリコン（ケイ素）は地球上で酸素の次に多い元素であり，その多くは土壌や岩石にある．シリコンは，ホウ素やりんなどの添加元素を微量添加することで，p 型，n 型半導体のいずれにもなることから，電子工学上重要な元素であり，精製技術や加工技術が盛んに研究され，半導体製造技術として実用化されてきた．図 1-10 に示すシリコンウェハは，半導体集積回路の基板となる素材である．99.999999999％（イレブン・ナイン）以上という超高純度の単結晶構造をもち，スマートフォン，パソコン，家電，自動車など，私たちの身の回りに数多く使われている．

図 1-10　シリコンウェハ（半導体シリコン）[10]

1-3 工作物のサイズや形状の複雑性

1.1 節でも述べたように，加工法を選択する際に考慮しなければならない事項は多い．とくに，表 1-2 に挙げた因子以外に大切な因子として図 1-11 に示すような工作物のサイズや形状の複雑さがある．狭義の機械加工や精密加工は，ミリメートル以上の工作物を対象としており，加工した部品を組み合わせることにより 3 次元複雑形状の製品を作り上げる．一方で，パソコンの CPU やメモリなどを含む半導体集積回路（IC）の製作技術は，マイクロメートル以下の微細寸法で，2 次元形状のパターンを積層していくことで多層構造を作り上げる．半導体製造技術は従来の機械加工・精密加工と大きく異なるが，近年は機械・デバイスの高度化に伴い，さまざまな加工技術が組み合わされて使用されつつあるため，より広範囲の加工法について理解する必要がある．したがって本書では，ミリメートル以上の工作物のための従来の機械加工・精密加工を第 2 章～第 9 章で扱い，半導体製造技術を含む微細加工を第 10 章で扱う．

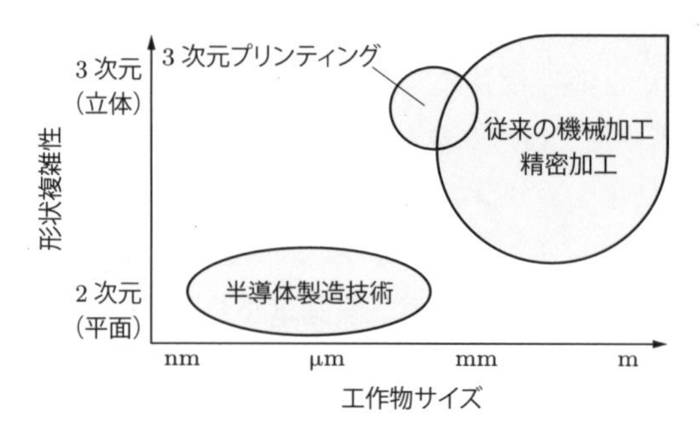

図 1-11　工作物のサイズや形状の複雑さによる加工法の分類

第2章 鋳造

鋳造（casting/molding）とは，溶融させた金属（これを溶湯（molten metal）という）を製品の形状に近い鋳型（mold）に流し入れて凝固させ，目的の形状を得る加工法である．得られた製品は鋳物（casting）とよばれる．鋳造は，エンジンのシリンダブロックや工作機械，水道やガスのバルブ類，各種美術工芸品など，幅広い製品に用いられている．溶湯に用いられる金属の種類はアルミニウム合金，マグネシウム合金および銅合金に加えて，鋳鉄や合金鋼などもあり，多種にわたる．一方で，強度と製作精度については，多くの改良が施されているものの，いまなお克服すべき課題となっている．

≫ 鋳造の特徴

- 鋳型を工夫することで，中空を有する複雑な形状にも対応可能．
- センチメートルオーダーからメートルオーダーまで幅広い鋳物が製造可能．
- 材質の合金組成を適切に選択することで，目的に合わせることができる．
- 鋳造法によっては大量生産に適している．
- 鋳造組織は，材料成分の偏り，結晶粒径の不均一，材料内部の空隙や割れにより，機械的性質が低下することがある．

2-1 鋳造の概要

砂型鋳造を例に説明する．砂型鋳造（sand casting）とは，砂で製作された鋳型を用いた鋳造法である．図 2-1 に砂型鋳造の具体的な流れを示す．

まず製品形状の模型（pattern）を木材，金属あるいはプラスチックなどを用いて製作する（①）．模型は上型のほか，製品の中空部となる中子（なかご）（core）から構成され

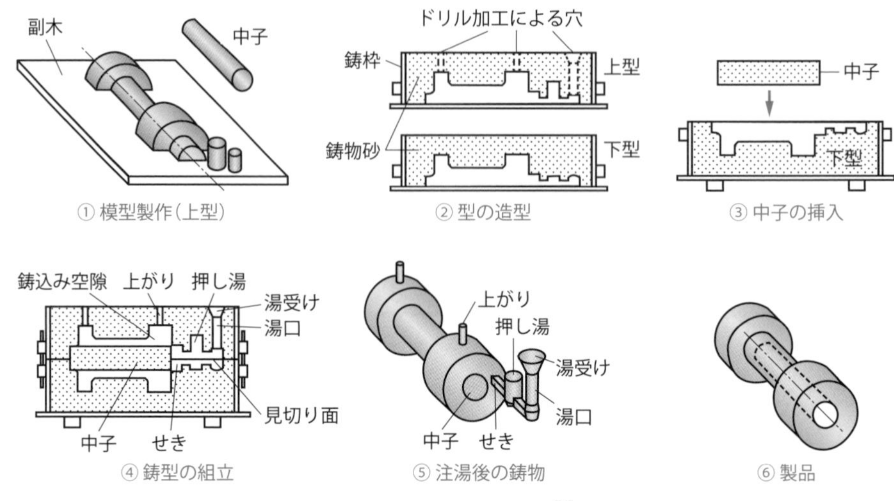

図 2-1　砂型鋳造の流れ[1]

る．続いて，上下の型に枠を配し，鋳物砂（foundry sand）を充てんする（②）．離型後，中子を挿入し，鋳型を完成させる（③，④）．鋳型の湯口より溶湯を注入すると，鋳型内部の空洞部が溶湯で満たされるので，冷却・凝固後に砂型をくずして鋳物を取り出す（⑤）．取り出した鋳物には図の⑤に示すような不要部分があるので，除去加工や表面仕上げを行い，製品を完成させる（⑥）．

図の各部の役割について以下にまとめる．

- **湯受け・湯口**：溶湯の注入口．
- **せき**：鋳物への溶湯の入口．
- **押し湯（riser）**：溶湯の凝固収縮の不足分を補充するほか，湯に圧力をかけることによって欠陥を防止する役割がある．
- **上がり**：溶湯注入後に生じるスラグ（slag，非鉄金属組成の物質）を浮き上がらせ，鋳物内部の欠陥を防止するほか，湯が鋳型内に充填したことを確認する役割がある．押し湯と兼用することもある．
- **ガス抜き**：溶湯中に含まれる窒素，水素，酸素などのガスを効率的に排出し，後述する鋳巣の発生を抑えるため，型の造型時，上型に気抜き針を用いて小穴をあける．

2-1-1　模型

模型に求められる性質は，加工が簡単で寸法精度が高く，安価であることである．表 2-1 に，模型に用いられる主な材質の特徴をまとめる．

表 2-1　模型の材質の特徴

材質	特徴
木材	加工が容易で安価であるが，硬さ・耐久性・寸法精度に劣る．
金属	耐久性・寸法精度に優れ，量産品に向いているが，製作に時間を要し高価である．
石こう	加工が容易で凝固時に容積変化がないため寸法精度に優れるが，強度に劣り，脆く，吸湿性を有する．
ろう	複雑形状にも対応可能であるが，製作が難しく，高価である．
プラスチック	表面が平滑で吸湿性がなく，繰り返し使用できるが，強度に劣る．

鋳造の場合，その工程上，模型から大きな影響を受ける．以下では模型の製作上，考慮しなければならない点をまとめる．

- **縮みしろ（shrinkage allowance）**：鋳造では，溶湯が凝固する際に収縮するため，その分を考慮して模型を大きく製作する．収縮分を縮みしろという．収縮率（1000 mm あたりの収縮量［mm］）は，材料や鋳物形状および冷却速度に依存する．溶湯として用いる場合の代表的な合金の収縮率を表 2-2 に示す．

表 2-2　合金の収縮率

材質	収縮率（1000 mm あたりの収縮率［mm］）
鋳鉄	8～10
アルミニウム合金	16～20
マグネシウム合金	8～13
黄銅鋳物・りん青銅	12～14

- **仕上げしろ（machining allowance）**：鋳造後に必要に応じた機械加工を施すための体積増分である．とくに鋳造時の上部はスラグや気泡が残留しやすく，鋳物が大型の場合は反りが生じやすいため，仕上げしろを大きくとる．
- **抜き勾配（draft）**：模型を鋳型から抜き取る際に鋳型を傷つけないようにするため，模型の主直方向に勾配を設ける．これを抜き勾配という．
- **模型の角部分**：模型に角がある場合，対応する鋳物の箇所には応力が集中し，破壊の起点となる．さらに，図 2-2 に示すように，溶湯の凝固は鋳物の表面か

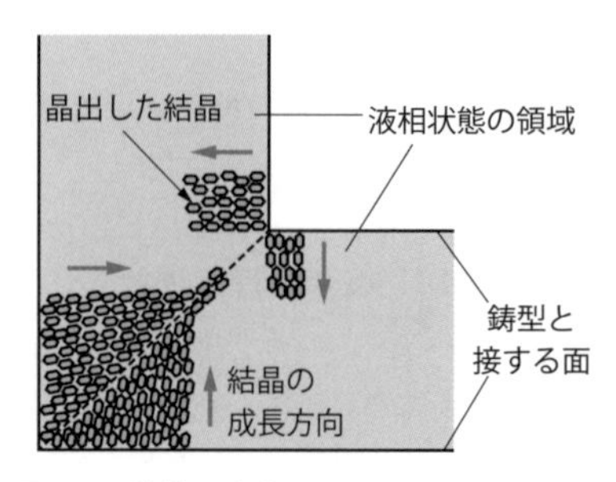

図 2-2　鋳物の角部分における結晶の成長

ら内部に進行するのが一般的で，その際不純物が直角方向に集積する．これらを避けるために角の面取りを行う．

2-1-2　鋳型

溶湯の種類により，砂型と金型が使い分けられる．表 2-3 に，砂型と金型の主な特徴をまとめる．

表 2-3　砂型と金型の比較

	砂型	金型
寸法精度	劣る	優れる
鋳肌	鋳物砂に依存	滑らか
型の再利用	鋳造完了後に作り直し	再利用でき，鋳造工程のライン化も可能
耐熱温度	鉄系の高温の溶湯にも使用可	高融点金属の場合は寿命が短い
通気性	良好	通気性がなく，鋳物形状に制限
適用材料	鋳鉄，鋳鋼（比較的融点の低い材料）	アルミニウム，マグネシウム，銅合金
その他	準備に時間を要する	コストが高く，製作に時間を要する

2-1-3　後処理

鋳造後，鋳物を完成させるためには仕上げが必要となる．以下に主な後処理をまとめる．

- **砂落とし：**鋳物と研磨石などを容器内に入れ，互いに衝突や摩擦を生じさせる（第5章で述べるバレル仕上げ）．あるいは，小さな鋼球を鋳物表面に吹き付けて砂を落とし，鋳肌に光沢を与える（第5章で述べるショットピーニング）．
- **ばり取り：**湯口や押し湯部分の製品に関係のない部分を切断し，ばりなども取り除く．

- **酸洗い**：酸により鋳肌表面の酸化物や鋳物砂を取り除く．
- **シーズニング（seasoning）**：一般に鋳物は，急冷操作により内部に残留応力が生じる．よって鋳造後の形状や寸法の経時変化を抑えるため，鋳造後に熱処理を施し，ひずみ除去を行う．

2-1-4　欠陥の種類と対策

鋳物には鋳造工程の中で欠陥が生じることがあり，対策を検討することが重要である．以下に主な欠陥の種類と対策を説明する．

- **湯まわり不良**：溶湯の流動性が悪いため，溶湯が鋳型のすみずみまでいきわたらないこと．対策として，鋳込み温度，すなわち溶湯を鋳型に流し込む温度を低すぎないようにする．また，鋳込みを静かに素早く行うとよい．
- **鋳肌不良**：鋳物砂の耐火性が低く，砂が焼き付く，あるいは鋳物に埋め込まれること．対策として，溶湯温度を見直すとともに，鋳物砂を耐火性のあるものに変更するとよい．
- **気泡・鋳巣（blowhole）**：ガスが鋳物中に閉じ込められて生じる空洞のこと．対策として，砂型の通気性を活用するほか，溶湯の圧入によって強制的にガスを排出するとよい．
- **ひけ巣（shrinkage cavity）**：鋳巣の一種で，溶湯の凝固時の収縮によって鋳物内部あるいは鋳物と鋳型との間に生じる大きな空洞のこと．対策として，収縮を補うため，押し湯を効率的に行うとよい．
- **割れ**：凝固収縮時，鋳型の構造上の問題により収縮が阻止された結果，鋳物内部に引張の応力がはたらくことで生じる．対策として，鋳型の設計変更などが考えられる．

2-2　特殊鋳造法

砂型鋳造や金型鋳造よりも精密で量産性の高い鋳造を行うため，さまざまな鋳造法が考案されてきた．以下に代表的な特殊鋳造法をまとめる．

2-2-1　遠心鋳造（centrifugal casting）法

図 2-3 に示すように，回転させた鋳型の内部に溶湯を注入し，遠心力により溶湯

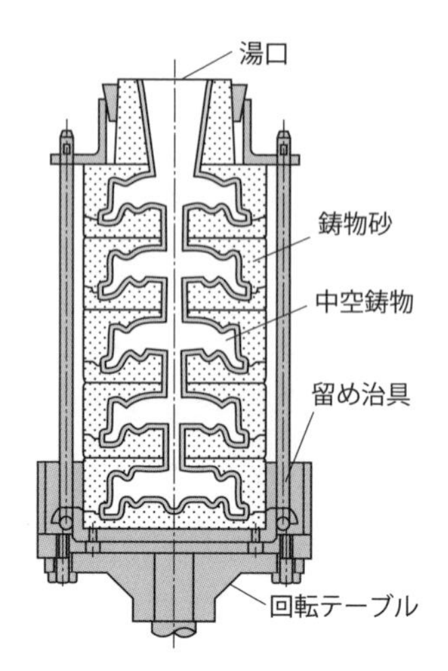

図 2-3　遠心鋳造法[2]

を鋳型に押し付けるように中空の鋳物を得る方法である．押し湯や上がりが不要となり，最小限の溶湯でよいのが特徴である．また，遠心力により溶湯に高い圧力が加わるので，緻密でむらのない製品を得ることができる．さらに，鋳型の形状を工夫すれば，大量生産にも用いることができる．なお，回転が遅いと溶湯内の重力による成分偏析を生じ，速いと遠心力による成分偏析を生じるため，鋳造条件に応じた速度調整が必要となる．用途として，管，ピストンリング，歯車および車輪などがある．

2-2-2　インベストメント鋳造（invenstment casting）法

ろうやプラスチックなどを用いて模型を製作し，鋳物砂の中に埋めて突き固めた後，加熱して模型を溶かし出し，模型と同じ形状の空洞部を鋳型とする方法である．一般的には，図 2-4 に示すろう（ワックス）を用いたロストワックス（lost-wax casting）法が用いられている．ロストワックス法は，鋳型内面が滑らかであるために鋳肌が平滑であり，機械加工による仕上げがほとんど必要ない．加えて，高い寸法精度を有しており，小型部品であれば大量生産も可能となる．一方，模型の製作のため鋳物の大きさに制限がある，コーティングに用いる耐火性材料が高価であるといった難点がある．

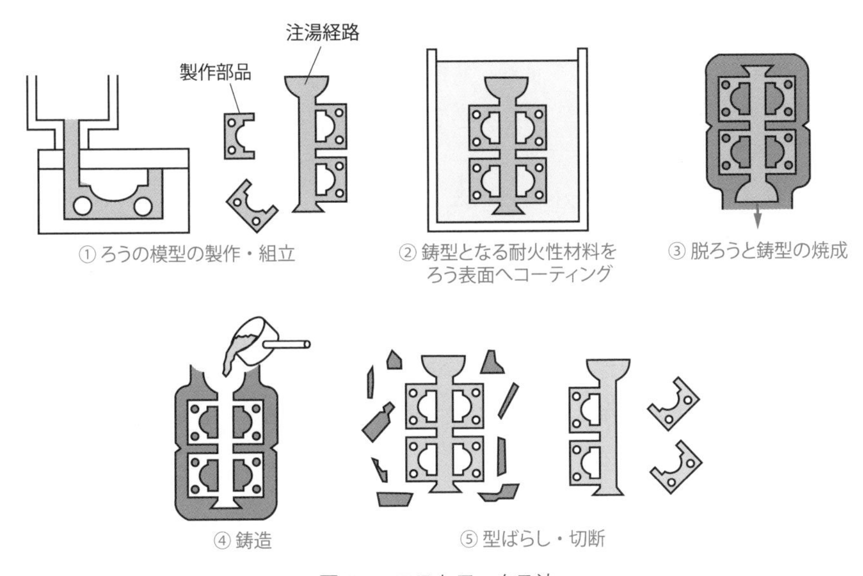

図 2-4　ロストワックス法

2-2-3　シェルモールド (shell moulding) 法

図 2-5 に示すように，殻状の通気性のよい硬質の鋳型を製作し，これに溶湯を注入して鋳物を得る方法である．ほかの鋳造法と異なり，鋳型に水分を含有していな

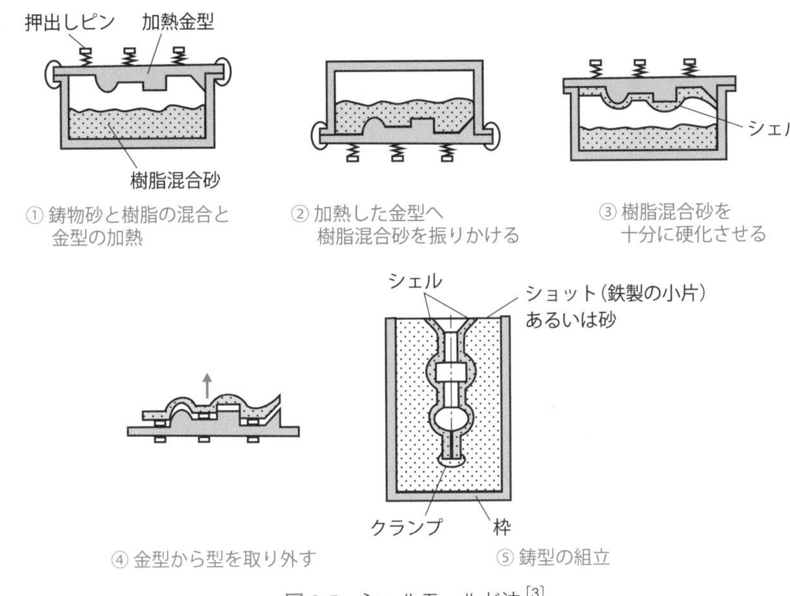

図 2-5　シェルモールド法[3]

いため，鋳物の不良を減らすことができ，普通の砂型に比べると寸法が正確で鋳肌が美しいといった特徴がある．また，鋳型が比較的容易に製作できるため，大量生産が可能である．用途として，精度を必要とする小型の自動車部品などがある．

2-2-4　ダイカスト (die casting) 法

図 2-6 に示すように，精密に仕上げられた金型に溶湯を高圧 (10〜100 MPa) で注入する方法である．中空にできないものの，薄肉 (1〜2 mm) の複雑な形状であっても高い寸法精度を有した鋳物を得ることができる．また，高速で多量に鋳造できるため，製品を安価に製作できる．一方で，金型は寿命の観点から低融点合金 (アルミニウム合金，亜鉛合金，黄銅など) に限定され，鋳物の大きさや厚みにも制限がある．

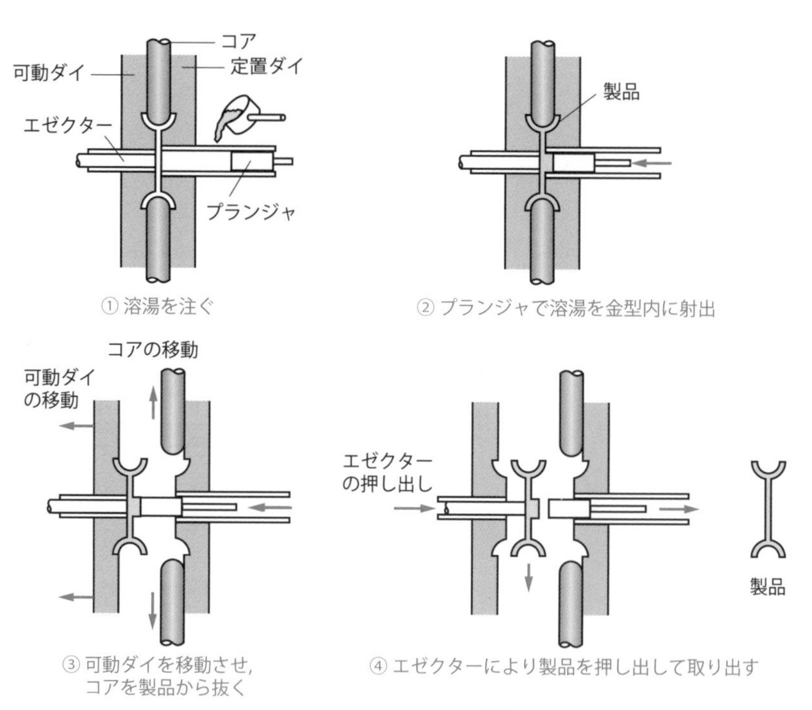

図 2-6　ダイカスト法[4]

2-3 鋳物用材料

2-3-1 鋳鉄（cast iron）

鋳鉄とは，鋳物用銑鉄にくず鉄，ケイ素，マンガン，くず鋼などを加えて溶解した後に凝固させたものである．以下に，代表的な鋳鉄についてまとめる．

(1) ねずみ鋳鉄（gray cast iron）

JIS では FC □（□内は数字で，引張強さを表している）と表記される．融点が 1150～1250℃と低く，凝固収縮が少ないため，鋳造しやすい．また図 2-7 に示すように振動吸収性に優れ，圧縮強度や耐摩耗性も有している．さらに，安価で切削加工が容易である．一方で，黒鉛炭素部分（図 2-8 の黒色の箇所）は，引張強さが

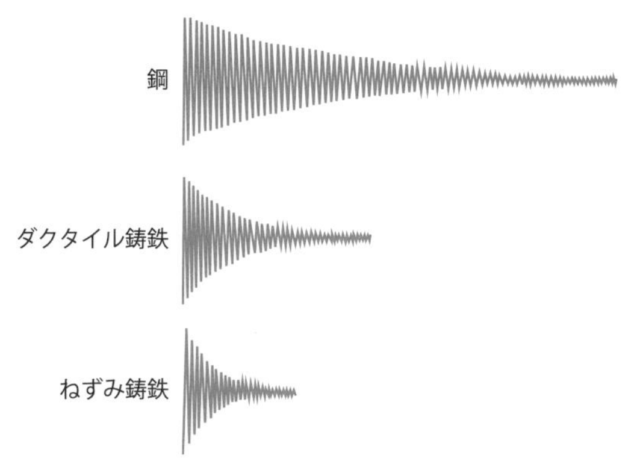

図 2-7　鋳鉄と鋼の振動減衰能の比較
（縦方向は振幅，横方向は時間を表す）

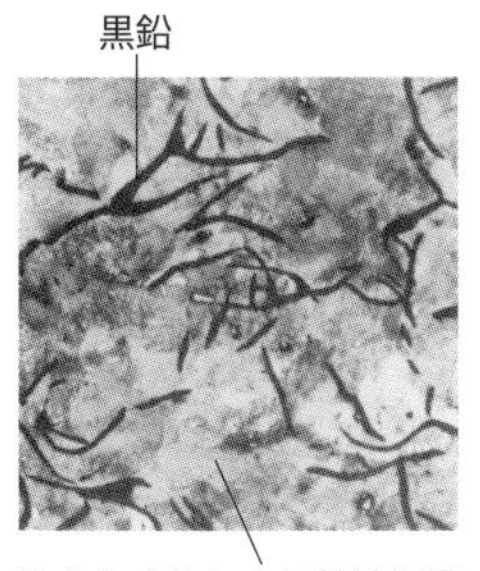

図 2-8　ねずみ鋳鉄の金属組織 [5]

低く，均質性に欠けるため，できるだけこの量を少なくする，あるいは微細化するなどして高強度化して使用されることが多い．

自動車に使われることが多いが，熱伝導率の高さからシリンダブロックや鋳型，定盤に用いられたり，振動吸収能の高さから産業機械や各種加工機に用いられたりすることもある．

(2) 合金鋳鉄 (alloy cast iron)

合金鋳鉄とは，鋳鉄に合金元素を添加することで，機械的特性の向上に加えて，耐熱性，耐摩耗性あるいは対酸化性を改善した鋳鉄の総称である．以下に，添加元素例とその効果を示す．

- **クロム添加：**結晶粒が細かくなり，黒鉛も小さくなり，耐熱性が向上．
- **ニッケル ＋ クロム添加：**硬度の上昇に伴い，耐摩耗性が向上．
- **ケイ素添加：**表面にケイ素を多く含む酸化物などを生成し，内部への酸化進行を遅らせることで，耐酸化性が向上．

このような性質を活かして，カムシャフトやブレーキドラムなどの自動車部品に用いられている．

(3) 可鍛鋳鉄 (malleable cast iron)

白銑鉄で鋳物を作り，適当な焼なましを施してセメンタイトを黒鉛化し，靭性を付与した鋳鉄である．焼なましの条件によって図 2-9 のように分類される．

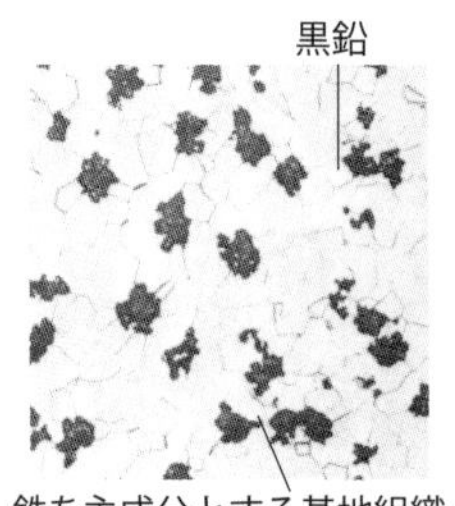

(a) 黒心可鍛鋳鉄[6]

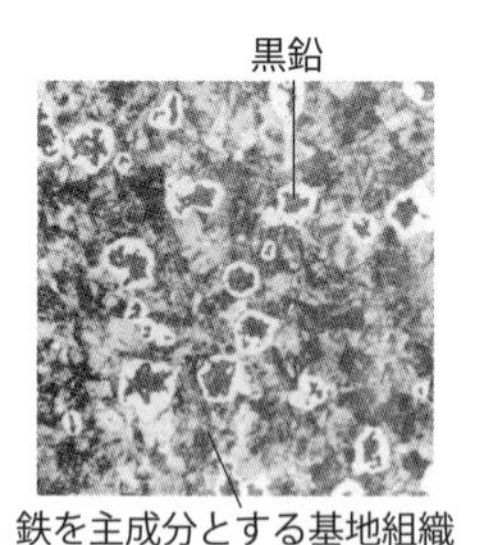

(b) パーライト可鍛鋳鉄[6]

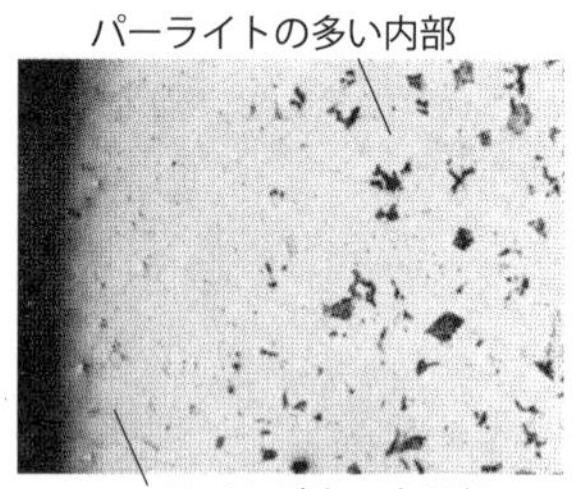

(c) 白心可鍛鋳鉄[7]

図 2-9　可鍛鋳鉄の金属組織

(a) **黒心可鍛鋳鉄**：JIS では FCMB □（□内は数字で，引張強さを表す．以下同）と表記される．普通鋳鉄に比べて靭性が大きく，伸びも 5%以上である．

(b) **パーライト可鍛鋳鉄**：JIS では FCMP □と表記される．伸びは黒心可鍛鋳鉄に比べてやや劣るものの，高い引張強さと耐摩耗性を有している．

(c) **白心可鍛鋳鉄**：JIS では FCMW □と表記される．表面は脱炭により粘い組織に変化している．一般的に薄肉部品に用いられる．

(4) ダクタイル鋳鉄 (ductile cast iron，図 2-10)

JIS では FCD □（□内は数字で，引張強さを表している）と表記される．球状黒鉛鋳鉄ともよばれ，鋳鉄に少量の接種（マグネシウムとケイ素が主成分）を添加し，片状黒鉛を球状化している．強度と靭性が大きく，耐熱性，耐摩耗性に優れている．さらに溶接が可能で，切削性も良好である．鋳造後，900℃程度の温度で焼なましを施し，さらに靭性を向上させて使用されることもある．用途として，鉄管，弁，鋳型および圧延ロールなどがある．

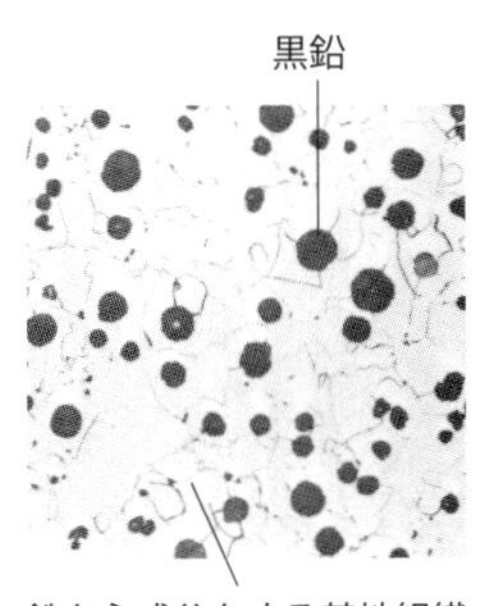

図 2-10　ダクタイル鋳鉄の金属組織 [6]

2-3-2　鋳鋼 (cast steel)

炭素含有量が 2%以上のものを鋳鉄というのに対し，0.1〜0.6%程度のものを鋳鋼という．鋳鋼は，鋳鉄よりも強度が高く靭性に富んでおり，合金成分を調整することで，耐食性，耐熱性，および耐摩耗性が付与される．ただし，鋳鉄に比べて鋳造性が悪く，凝固収縮が 2 倍以上に達する場合もある．鋳造しただけの状態では結晶粒径が大きく，年月を経ると残留応力により変形が生じるため，鋳造後には必ず熱処理を施し，金属組織の改善が行われる（熱処理例：800〜900℃で長時間加熱後，徐冷）．

2-3-3　銅合金 (copper alloy)

銅に錫，亜鉛，鉄，ニッケル，りん，アルミニウム，マンガンおよびケイ素などを添加した鋳物用銅合金地金が JIS に規定されている．一般に，鋳巣の発生が少なく，耐食性および耐摩耗性に優れ，電気および熱の良導体である．用途として大型船のプロペラなどがある．

2-3-4　軽合金 (light alloy)

アルミニウム合金やマグネシウム合金が代表的で，軽量であることに加え，耐熱，耐食および耐摩耗性などの特性を付与できるという特徴がある．アルミニウム合金にはケイ素，銅，マグネシウム，亜鉛などが，マグネシウム合金にはアルミニウム，マンガン，亜鉛，ジルコニウムなどが添加された材料が JIS に規定されている．アルミニウム合金の用途としては家のサッシ，マグネシウム合金の用途としてはノートパソコン筐体などがある．

2-4　鋳造組織

これまで述べてきたように，鋳造作業において鋳型に溶湯を注入すると，溶湯は鋳型壁面やそのほかの空間に熱を放出した結果，凝固が完了する．溶湯の温度変化を図 2-11 に示す．図中の A で形成され，固相へと成長する過程で最初に生成される微細な結晶を核とよび，核 (nucleus) の形成を核生成 (nucleation) とよぶ．核生成には過冷却 (融点以下に温度が下がる) が必要であり，この過冷却は核生成の後にほとんど解消される．以下に，図中の各時間における変化を示す．

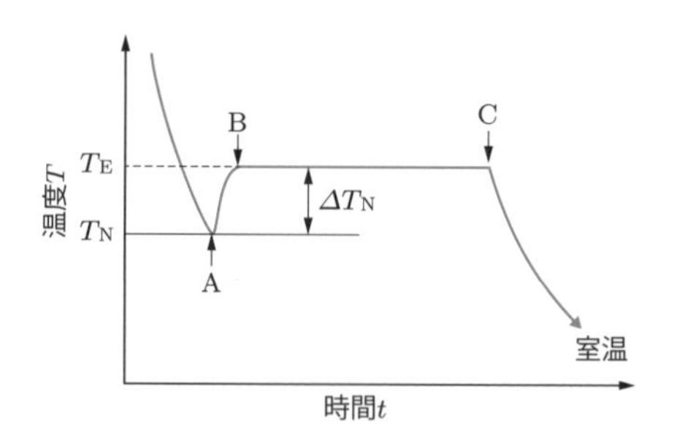

図 2-11　溶湯の冷却曲線の模式図

A より前：融点 T_E 以上の溶湯が鋳型に注がれ，その温度 T が時間 t とともに降下する．

A：T が融点以下の核生成温度 T_N に達すると，溶湯中に微細な固相（結晶）が生成する．

A〜B：微細結晶は凝固潜熱を発生しながら成長する．

B〜C：固液共存状態で，鋳物から放出される熱流に見合った量の凝固潜熱を発生しながら凝固が進行する．

C：液相が消失し，凝固が完了する．

C より後：温度は急速に降下し，室温に至る．

鋳物内の核の数や結晶粒の大きさは，材料の機械的性質に大きな影響を及ぼす．その影響については未解明な部分も多く，現在でもさまざまな研究が進められている．

2-4-1　鋳塊のマクロ組織

鋳塊のマクロ組織は図 2-12 に示すように，チル層（chill layer），柱状晶帯（columnar zone）および等軸晶領域（equiaxed region）に分かれる．これらの構成比や，領域の大きさと形状は凝固条件により変化する．以下にそれぞれの特徴をまとめる．

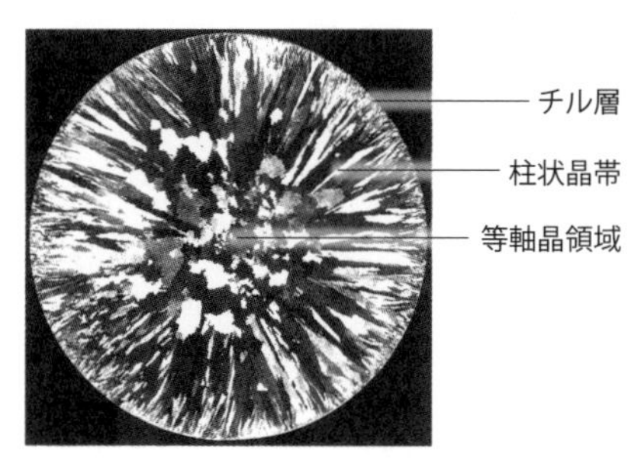

図 2-12　Al-3.0 質量 %Si 合金の鋳塊横断面のマクロ組織 [8]

- **チル層**：溶湯が鋳型内面近傍で急冷され，多くの核生成をもとに短時間に生じた最初の固相で，微細な結晶粒で構成されている．一般に，この層の化学成分は溶湯の平均組成に近いといわれている．
- **柱状晶帯**：結晶粒が鋳型内面から鋳物内部に向かってほぼ垂直に伸張し，整列化した領域である．熱の流れに沿って結晶が柱状に成長することになるため，熱伝導性のよい金型を用いた鋳造の場合に生成しやすい．

- **等軸晶領域**：結晶が液相中で生成し，相互に干渉し合うまで成長する領域である．一般に等方的あるいは球状の結晶からなる．結晶粒径は，鋳造条件により決定され，柱状晶帯と同様に熱伝導性に大きく依存する．

2-4-2　樹枝状晶

溶湯がゆっくり凝固する際，固液界面の液体中の温度勾配が小さく，結晶の成長が速いと，凝固完了後の結晶は樹枝状に成長しやすいことが知られている．これらの結晶は樹枝状晶 (dendrite) とよばれる．一般に，結晶核から成長した樹枝状晶の幹となる部分は1次の枝，この枝より分岐して成長した部分は2次の枝，2次の枝より分岐し成長した部分は3次の枝，と順に名付けられる．

図2-13に示すように，樹枝状晶の結晶成長方向は金属の結晶構造と対応している．面心立方および体心立方の柱状樹枝状晶では，1次と2次の枝が直交するのが通常である．一方，錫合金をはじめとする正方晶および亜鉛合金などの最密六方については，図 (b) および図 (c) のような成長方向を示す．

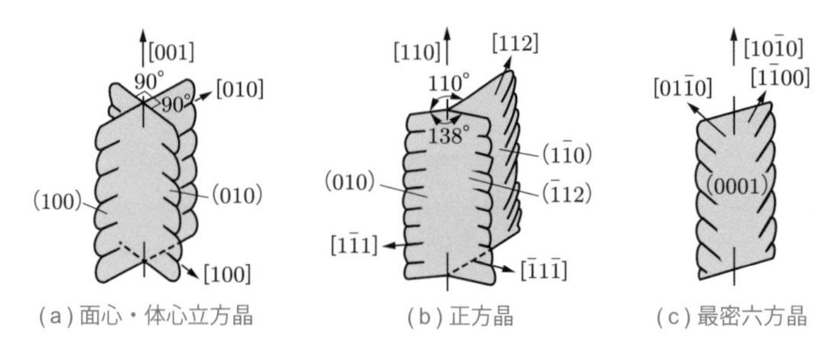

図2-13　柱状樹脂状晶の成長方向（[　] は方位，(　) は面を示すミラー指数．結晶面の切片が負の場合は，ミラー指数の整数の上にバーを付している）

図2-14は，柱状樹枝状晶の1次の枝に垂直な断面の顕微鏡組織を示している．面心立方および体心立方においては十字型が観察され，正方晶ではY型，最密六方では板状組織が観察される．

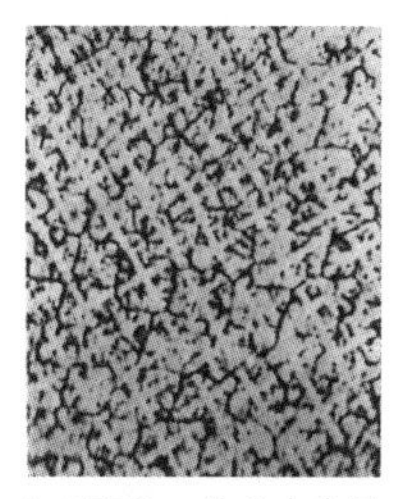

(a)面心・体心立方晶
(Al-5.0 質量%Cu 合金)

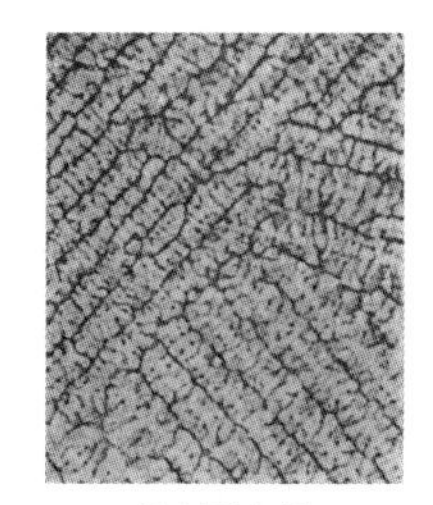

(b)正方晶
(Sn-6.2 質量% Sb 合金)

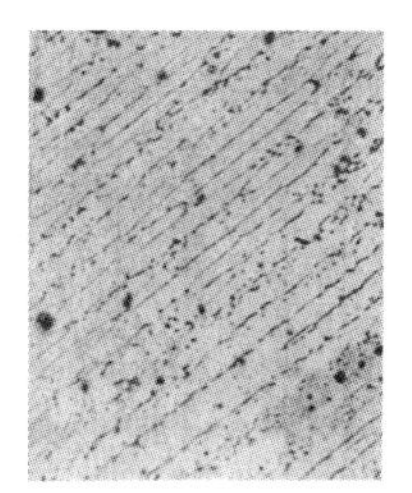

(c)最密六方晶
(Zn-8.0 質量% Sn 合金)

図 2-14　柱状樹脂状晶の横断面の金属組織[9]

演習問題

2-1　鋳造の対象となる製品を一つ挙げ，その理由を詳しく説明せよ．

2-2　木型の製作において注意しなくてはならない事柄として以下などがある．これらについて詳しく説明せよ．

① 縮みしろ　② 仕上げしろ　③ 抜き勾配　④ 模型の角部分

2-3　鋳型各部に設けられる以下の箇所の役割を説明せよ．

① 押し湯　② 上がり　③ 中子

2-4　鋳造の後処理で行う作業の例を記せ．

2-5　鋳造の後処理として施すシーズニングについて詳しく説明せよ．

2-6　以下の鋳造欠陥の現象とその対策について，詳しく説明せよ．

① 湯まわり不良　② 気泡・鋳巣　③ ひけ巣

2-7　鋳物砂に求められる性質を四つ挙げよ．

2-8　鋳造のみでは製作精度が得られない理由を四つ挙げよ．

2-9　特殊鋳造法を三つ挙げ，一般的な鋳造法では得られない特性の例を示せ．

2-10　問図 2-1 は Al-3.0 質量% Si 合金の鋳塊横断面マクロ組織写真である．①～③に当てはまる組織の名称と簡単な特徴を述べよ．

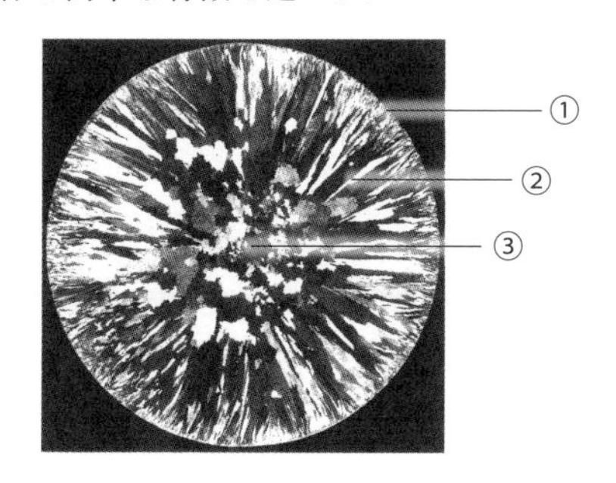

問図 2-1

第 3 章

切削加工

切削加工（cutting）とは，各種形状や素材の不要部分を切削工具により除去することで，定められた寸法の加工と表面仕上げを行う加工法である．使用する工具の形状と工具および工作物の相対運動との関係により，旋削（turning），穴あけ（drilling）およびフライス削り（milling）などに分類される．とくに切削加工後そのまま実用する場合，加工条件の選定が重要である．本章では，加工面性状に大きく影響する切削抵抗，切削熱についても言及し，よりよい仕上げ面を得るための切削条件について学ぶ．

≫ 切削加工の特徴

- 鋳造，塑性加工および溶接などよりも寸法精度が高い（± 1/100 mm 以内）．
- 後述する加工変質層が少ないため，仕上げ削りを行えば，続く研削加工工程を経ることなく製品を完成させることも可能．
- 切削による除去部分が多い場合は加工時間が長くなり，切りくず（chip）も増加する．
- 金型などの準備が不要であるため，多くの品種を小ロットで生産可能．
- プラスチックから金属まで，多くの材質の加工が可能．

3-1 切削加工に用いる装置と工具

3-1-1 ボール盤

ボール盤（drilling machine）は，主軸の先端にドリル（drill）を取り付けて回転させ，テーブルに固定された工作物に，主として穴をあける工作機械である．図 3-1 は，最も一般的な直立ボール盤で，主軸が垂直になっており，ベース，コラム，ドリルチャック，テーブルなどで構成されている．ベースは床への据え付け部で，コラムはテーブルやヘッド部を支える役割がある．ドリルチャックは，ドリルなど

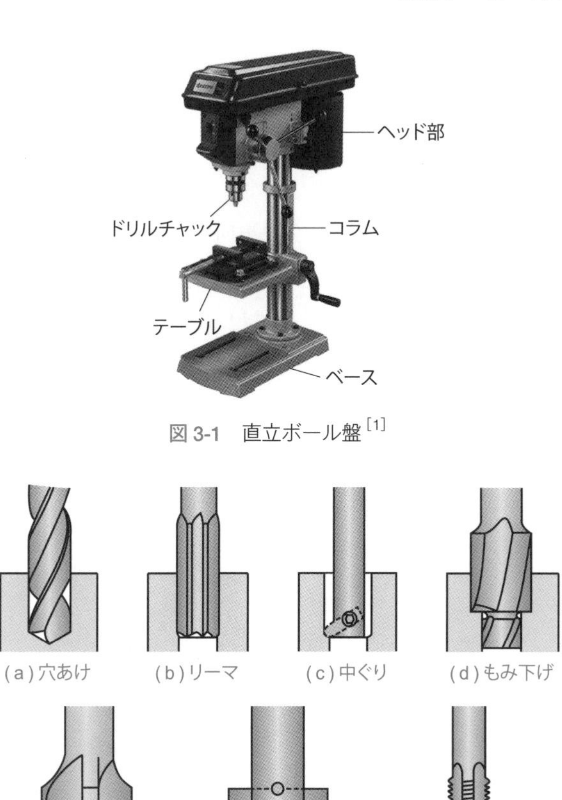

図 3-1　直立ボール盤[1]

図 3-2　ボール盤を用いた加工[2]

の工具を取り付ける主軸に加えて，主軸への回転運動や送り運動を与える歯車などを内蔵している部分である．図 3-2 は，ボール盤を用いた加工例を示している．

(a) **穴あけ (drilling)**：ドリルを用いて工作物に穴をあける．

(b) **リーマ (reaming)**：ドリルであけた穴の内面を，正確な寸法に仕上げる．

(c) **中ぐり (boring)**：中ぐり棒に中ぐりバイトを取り付け，ドリルであけた穴を拡大しながら精度を向上させる．

(d) **もみ下げ (counter boring)**：ねじやボルトの頭を沈めるため，穴の上部を拡大する．

(e) **さらもみ (counter sinking)**：さらねじなどの頭を沈めるため，円すい座を作る．

(f) **座ぐり (spot facing)**：ナットなどの当たる部分を削り，座を作る．

(g) **タップ (tapping)**：ドリルであけた穴に，めねじを切る．

3-1-2　旋盤

旋盤 (lathe) は，主軸に固定した工作物を回転させて，工具 (バイト) により主として円筒面，ねじ，平面，テーパなどを切削する工作機械である．図 3-3 は最も一般的な普通旋盤で，主軸台，刃物台，心押し台およびベッドなどで構成されている．バイトは刃物台に装着されており，ベッドの長手方向と直角方向に自動送りできる．あるいは，ハンドルによって位置決めをして，固定することもできる．図 3-4 に主なバイトの種類を示す．

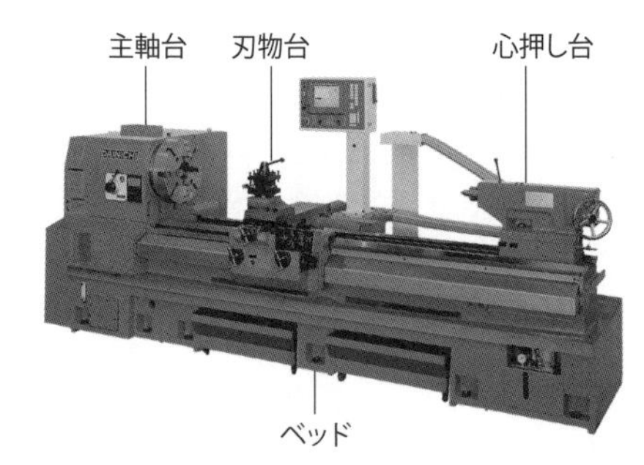

図 3-3　普通旋盤 [3]

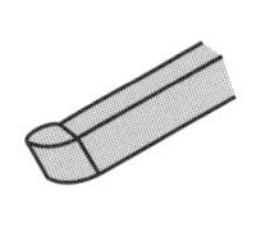

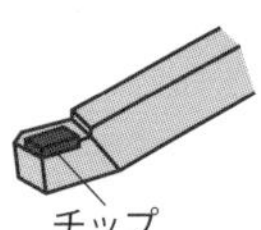

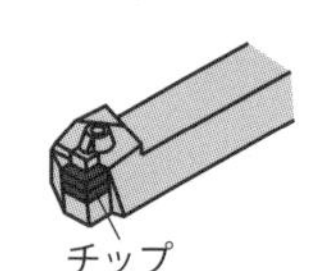

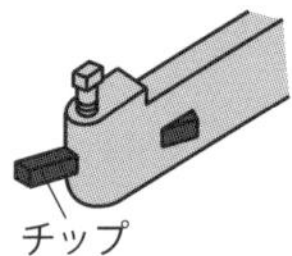

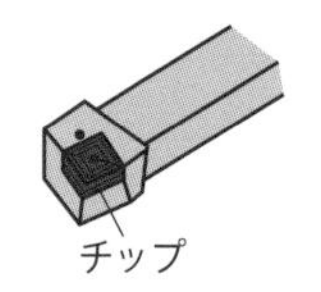

(a) むくバイト　(b) 付刃バイト　(c) クランプバイト　(d) 差込みバイト　(e) インサートバイト

図 3-4　主なバイトの種類 ([4] をもとに作成)

(a) **むくバイト**：刃先と柄 (シャンク) が同一の材質で作られている．

(b) **刃付バイト**：切れ刃を含む部分 (チップ) が，ろう付もしくは溶接で柄に取り付けられている．

(c) **クランプバイト**：チップが，ねじ止めなどで機械的に柄に取り付けられている．

(d) **差込みバイト**：チップが柄に差し込まれ，締め付けて取り付けられている．

(e) **インサートバイト**：チップが専用のホルダに取り付けられている．バイトの刃先が摩耗した場合，チップを回して締め付け，新しいコーナーを用いる．

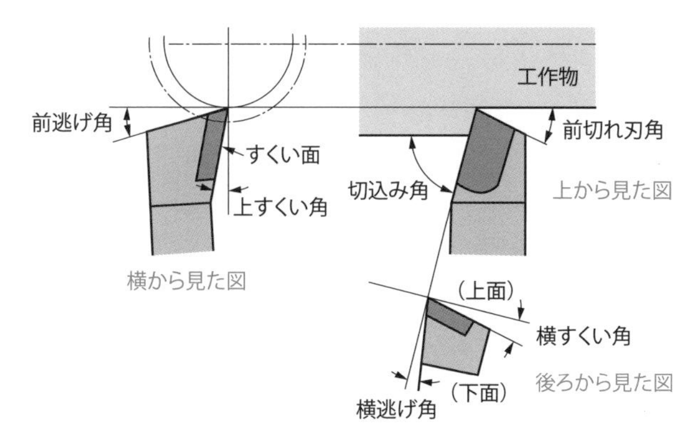

図 3-5　バイトの角度諸元[5]

図 3-5 に，バイトの角度諸元を示す．

- **すくい角（rake angle）**：バイトと工作物の接触を減らすための角度．これらの角度が大きいほど切削抵抗は低下するが，刃先の強度が下がる．したがって，負の角度にして強度を上げることもある．
- **逃げ角（cliarance angle）**：前逃げ角はバイト先端裏面と工作物との角度．横逃げ角は，加工面とバイト側面との角度．これらの角度が大きいほど，摩擦による抵抗や発熱が小さくなる．
- **前切れ刃角（front cutting edge angle）**：バイト先端と工作物側面との角度．この角度が大きいほど，バイト先端と工作物との摩擦が抑えられる．大きくしすぎると，刃先が弱くなる．

なお，切りくずが連続して排出された場合，バイトや工作物に絡まって，加工が進められなくなることがある．チップブレーカ（chip breaker）とは，図 3-6 に示すように，切りくずを工作物やバイトに当てて適当な長さに破断させるものである．幅と高さを変更することで，切りくずの長さを調整できる．

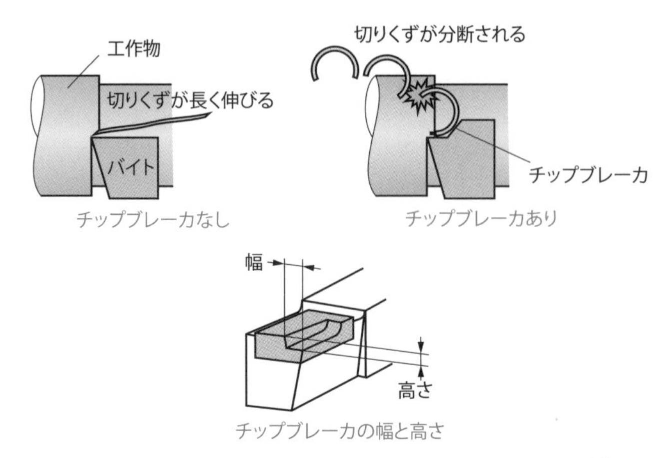

図 3-6　チップブレーカの有無による切りくず生成の状態[6]

3-1-3　フライス盤

フライス盤 (milling machine) は，多数の同心切れ刃をもつ工具 (フライス) を回転させ，工作物に送りを与えて，平面，曲面または溝などの切削を行う工作機械である．フライス回転軸が水平な横フライス盤と，図 3-7 に示すような回転軸が垂直な立フライス盤がある．いずれも主軸，テーブル，サドルおよびベースから構成されており，フライスは主軸に取り付けられている．図 3-8 にフライスの形状と加工例を示す．

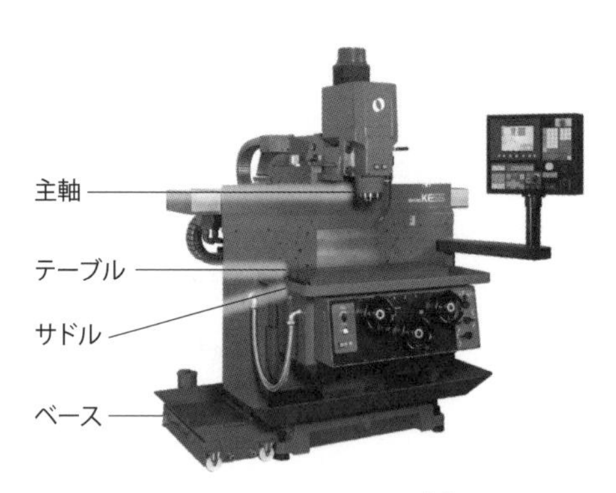

図 3-7　立フライス盤[7]

横フライス盤

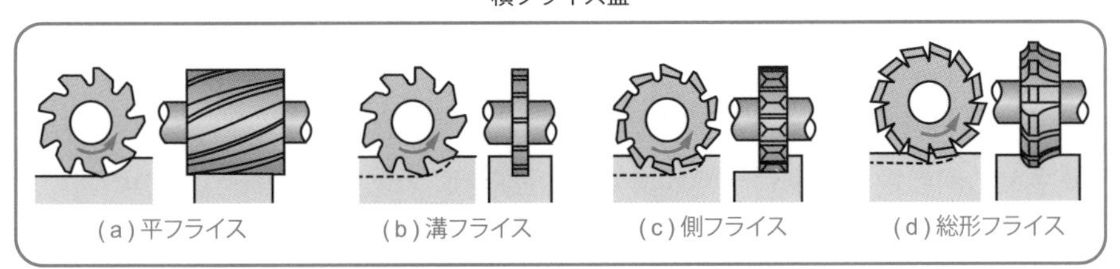

立フライス盤

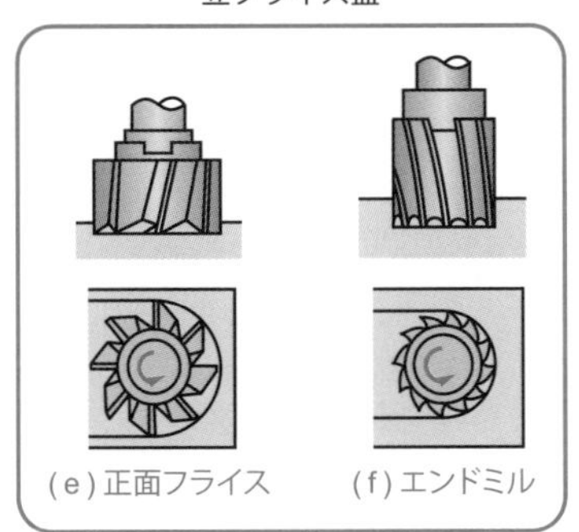

図 3-8　フライス盤を用いた加工 [8]

(a) **平フライス**：円筒の外周に切れ刃があり，主として平面の切削に用いられる．

(b) **溝フライス**：長く深い溝を加工する際に用いられる．

(c) **側フライス**：平フライスの片側面または両側面に放射状に切れ刃があり，直角をなす 2 面または 3 面を同時に加工する場合に用いられる．

(d) **総形フライス**：工作物の表面を任意の曲面に加工する場合に用いられる．形状は加工される曲面と同形である．

(e) **正面フライス**：円筒の外周と端面に切れ刃があり，広い平面の切削を効率的に行う場合に用いられる．

(f) **エンドミル**：正面フライスと同じく円筒の外周および端面に切れ刃があり，工作物の外周やキー溝，T 溝などのほかのフライス工具では製作困難な比較的細かい加工に用いられる．

3-2 切削の各種諸量

以下に，旋削を例にした切削の各種諸量を示す．

- **主軸の回転数 n [rpm：1 分間あたりの回転数]**：旋削の場合は工作物の回転数となる．ドリルのように工具が回転する場合は工具の回転数となる．
- **切削速度（cutting speed）V [m/min]**：図 3-9 (a) に示すように，バイトが工作物の上を 1 分間に何 m 動くかを表しており，次式のように計算できる．

$$V = \frac{d \times \pi \times n}{1000}\ [\mathrm{m/min}]$$

ここで，d：工作物の直径 [mm]，n：主軸の回転数 [rpm] である．

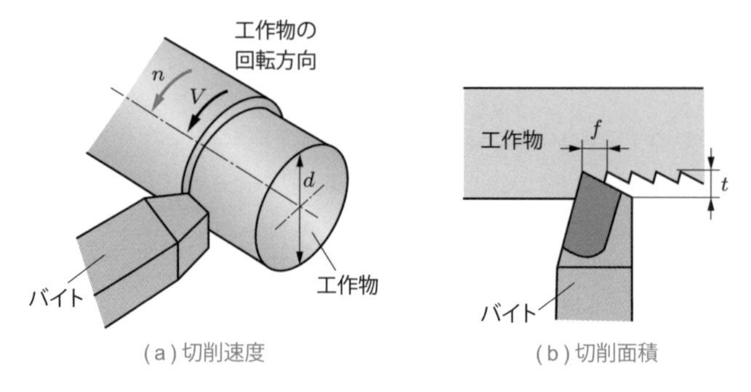

(a) 切削速度　　(b) 切削面積

図 3-9　各種諸量を求めるパラメータ

- **切削面積 [mm²]**：図 3-9 (b) に示すように，工作物 1 回転あたりの送り量 f [mm/rev] と切込み量 t [mm] をかけ合わせることで求められる．
- **切りくず排出量 [cm³/min]**：切削面積 [mm^2] と切削速度 [m/min] をかけ合わせることで求められる．

3-3 切削工具材料

切削工具材料に求められる性質は，高温硬度，耐摩耗性および靭性が高く，欠損しにくいことである．しかしながら硬度と靭性は相反する関係にあるため，両者を満足する研究開発はいまも進められている．以下に，代表的な切削工具材料を用途とともに述べる．

- **炭素工具鋼（Steel Kougu: SK）**：小刀や包丁など，家庭でも使用される鋼であり，炭素量 0.6～1.5％の高炭素鋼からなり，焼入れして用いられる．靱性の高さから，極低速切削にてドリルやタップに用いられてきたものの，高温硬度が低いため，現在ではあまり使用されない．
- **合金工具鋼（Steel Kougu Special: SKS）**：タングステン，クロム，バナジウム，コバルトなどを添加した炭素量 0.8～1.5％の鋼からなり，焼入れと焼戻しをして使用される．低速切削に使用され，切削性能は炭素工具鋼より優れている．
- **高速度工具鋼（Steel Kougu High-speed: SKH）**：一般にハイスとよばれ，添加元素の量に応じてタングステン系とモリブデン系に大別される．タングステン系は耐熱性に優れるが靭性に劣り，モリブデン系は靭性に優れるが耐熱性に劣る．合金工具鋼の約 2 倍の切削速度の加工が可能である．
- **超硬合金（cemented carbide）**：タングステン，チタン，タンタル，バナジウム，モリブデンなどの粉末から炭化物を作り，コバルトやニッケルを結合剤として 1500℃程度で焼結したもの．焼入れ材と異なり高温硬度が低下しにくく，高温での耐酸化性に優れるのが特徴である．高速度工具鋼の約 3 倍の高速切削が可能で，切削工具材料の主流となっている．
- **コーティング（coating）**：耐摩耗性，耐熱性および耐凝着・溶着性の向上を目的として，高速度工具鋼や超硬合金を母相として第 10 章で述べる PVD（物理気相成長）法と CVD（化学気相成長着）法による表層コーティングが施されたもの．被覆材には，炭化チタン，窒化チタンおよび酸化アルミニウムなどがある．

3-4　切削抵抗

工具で工作物を切削する際，工具には折り曲げたり押し戻そうとしたりする力，すなわち切削抵抗（cutting resistance）が作用する．切削抵抗の大きさは，切削所要動力に加えて，工具の寿命，加工面粗さと精度，および加工変質層の厚さに影響を及ぼす重要因子である．切削抵抗はなるべく小さく，変動が少なくなるように切削条件を選択することが望ましい．切削抵抗は，図 3-10 に示すように，三つの力に分けて考えることができる．すなわち，工具を折り曲げるように作用する主分力 F_c と，工具を横方向に押し戻す分力である送り分力（feed force）F_t と，工具をその軸方向へ押し戻す分力である背分力（thrust force）F_n である．一般に切削抵抗というときは主分力（main component force）F_c を指すことが多い．

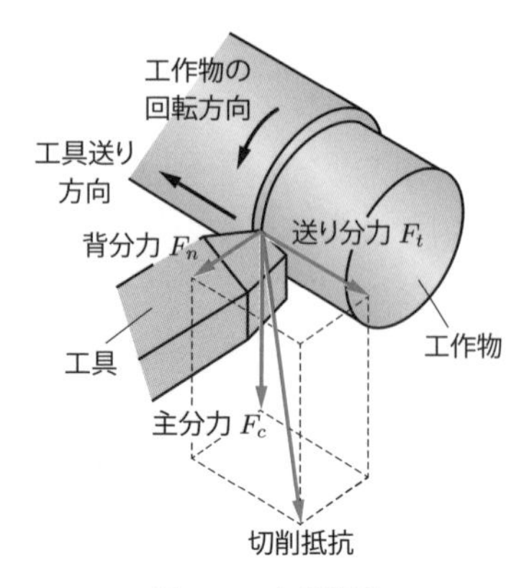

図 3-10　切削抵抗

次式に示すように，切削面積（切りくずの断面積）A あたりの切削抵抗 F_c のことを比切削抵抗 k_s という．この値が小さければ，小さな力でも切削できることを意味する．

$$k_s = \frac{F_c}{A} = \frac{F_c}{t \times f}$$

ここで，t：切込み量 [mm]，f：送り量 [mm] である．また旋削の場合，切削所要動力 P [kW] の大きさは，上式の F_c を用いて次式により計算できる．

$$P = \frac{F_c V}{60} \text{ [kW]}$$

ここで，F_c：主分力 [kN]，V：切削速度 [m/min] である．

3-5 切削熱

切削部周辺に生じる発熱を切削熱（cutting heat）という．切削熱は，図 3-11 に示すように三つの発生源が考えられる．①に最も多くの熱が発生する．アルミニウムや機械構造用炭素鋼鋼材（たとえば S45C）のような熱伝導率の高い材料では，ほとんどの熱（70～80％）が切りくずに伝わる．一方でステンレス鋼やチタン合金，耐熱合金のような熱伝導率の低い材料では 40～60％程度しか切りくずに伝わらず，その結果，より多くの熱が工具や工作物に伝わり，工具の損傷の要因となる．

切込み，送り，切削速度のうち，切削速度が切削熱の発生に最も大きく影響する．切削速度 V [m/min] と温度 θ [℃] と工具寿命 T [min] には次式の関係がある．こ

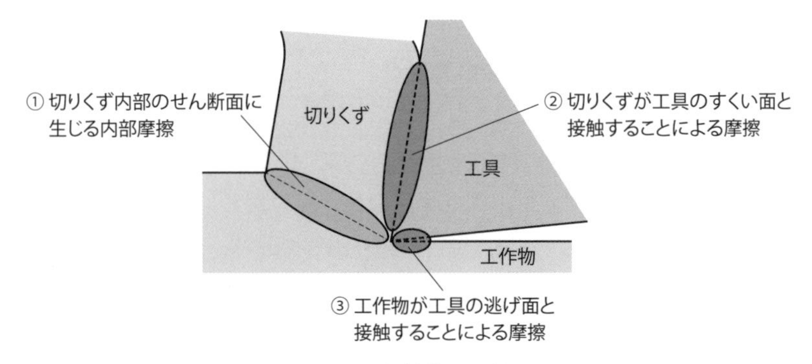

図 3-11　切削熱の発生源

れはテイラーの寿命方程式とよばれる.

$$\theta T^{n_2} = C_2, \qquad \theta = C_1 V^{n_1}$$

ここで, C_1, C_2, n_1, n_2 は, 工具と工作物の材質などによって決まる定数である. 上式から, 切削速度の上昇に伴い温度も上昇し, 温度の上昇に伴い工具寿命が短くなることがわかる. したがって, 工具寿命を延ばすには, 一般的に切削速度を低下させればよい.

3-6 加工表面と構成刃先

切りくずが工具の刃先に付着して刃先を包み, あたかも切れ刃のようなはたらきをする場合がある. この付着物は構成刃先 (built-up edge) とよばれ, 表面粗さ, 仕上げ寸法および刃先に悪い影響を及ぼす. この構成刃先は, 鋼類, 高級鋳鉄に特有なものであるものの, アルミニウム合金や四六黄銅で発生することもある.

3-6-1　構成刃先の発生メカニズム

切りくずが工具のすくい面上を流れるとき, その接触面には高い圧力が作用するとともに摩擦熱により高温となる. このため, すくい面と切りくずの裏面との親和力が大きくなり, 凝着現象が生じることですくい面上に薄い金属面が生成される. そしてその面上に工作物が層状に残され, その層が次第に厚さを増すことで, 安定した硬い物質となって刃先を構成するようになる.

3-6-2　構成刃先の欠点・利点

図3-12に示すように，構成刃先の先端が大きな丸みを有するように成長した場合，腹部が予定している切込み深さよりも深くなり，構成刃先の発生に伴い切削抵抗が増大する場合がある．また鈍い刃先のために，仕上げ面には著しい加工変質層を生成する場合がある．加えて，構成刃先は硬く脆いため，1/10～1/100秒程度の周期で不規則に発生，成長，分裂，脱落を繰り返しており，脱落した硬い微粒子により工具のすくい面と逃げ面が摩耗し，工具寿命が短くなる傾向がある．さらに，工具表面に凝着した構成刃先が脱落する際に工具の一部も一緒に持ち去られることで，チッピングを生じることがある．

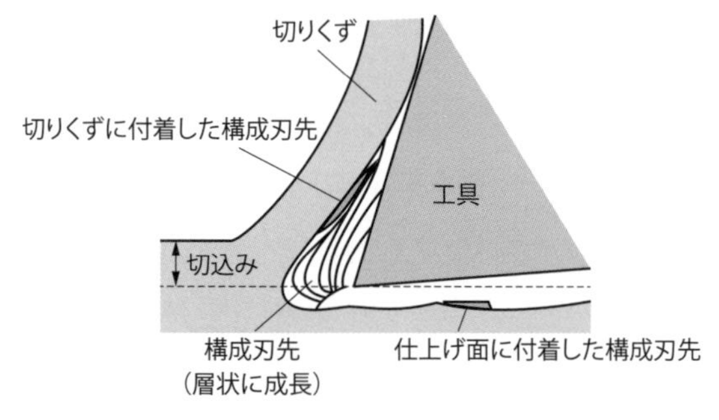

図3-12　構成刃先の状態[9]

また，構成刃先の成長と脱落の繰返しにより切削抵抗が変動し，工具が振動することに加え，図3-13に示すように切込み深さの変動により予定していた切削面より深く切削された結果，仕上げ面粗さが悪くなる．加えて，構成刃先の脱落片が仕上げ面に圧着されることで，クラックの発生や応力集中源となり，疲労強度が低下し，外観や耐食性も劣化する．

これまで述べてきたように，構成刃先は基本的に発生させるべきではないものの，次に示すような利点もある．たとえば，元の刃先よりもすくい角が大きくなるので，工作物との接触面積の縮小に伴い摩擦力が低下し，切削抵抗が低下することがある．また，工具刃先に対して仕上げ面や切りくずが直接触れないので，刃先の摩耗が抑制されることがある．加えて，切りくずが構成刃先により上向きにカールし，渦巻型になって折れやすくなった結果，切りくず処理性が向上する．

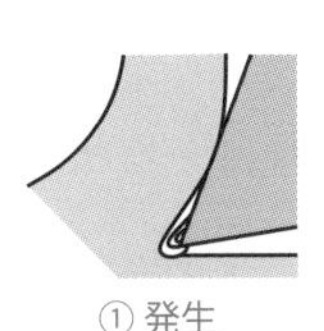

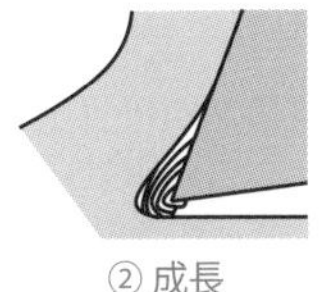

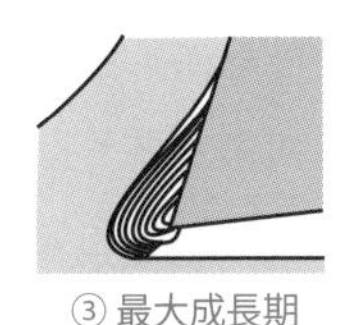

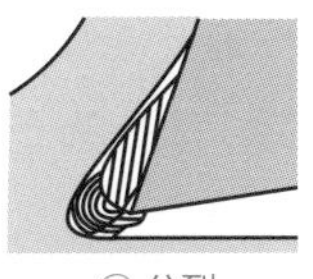

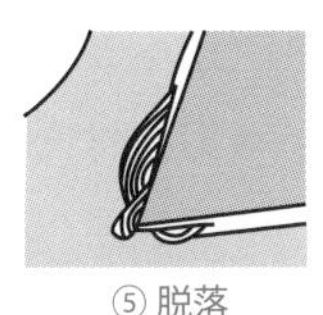

図 3-13　構成刃先の成長と脱落に伴う仕上げ面粗さ [10]

3-6-3　構成刃先の発生防止

構成刃先の発生防止には，主として四つの考え方がある．

- **切削速度の増大**：刃先の温度を工作物の再結晶温度以上にすることで，加工硬化を生じないようにし，構成刃先を軟化させる（炭素鋼における構成刃先の消失温度は 500〜600℃）．図 3-14 に示すように，外周旋削において，切削速度を上げることで，低速域での粗悪な仕上げ面粗さが，構成刃先の消失とともに理想粗さに近づく．
- **すくい角の増加**：工具のすくい角を 30° 以上にすることで，工作物の凝着が防止され，構成刃先はほとんど発生しなくなる．
- **切削油剤（cutting oil）の使用**：切削油剤により，刃先が冷却され，すくい面が凝着温度以下に保たれる．さらに，すくい面と切りくず裏面との接触部に油膜

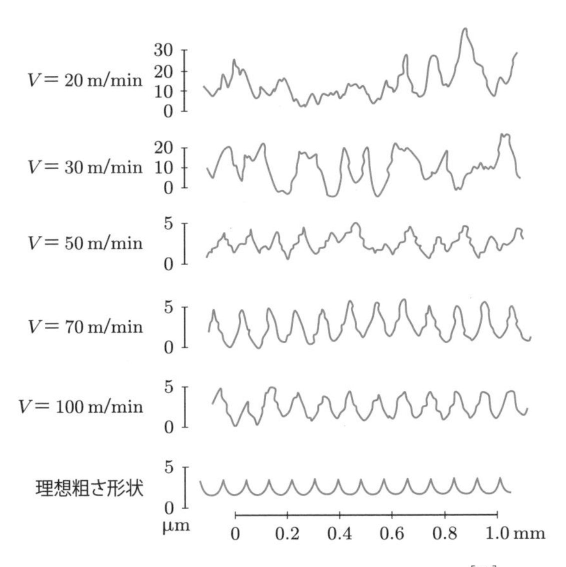

図 3-14　外周旋削仕上げ面粗さにおける切削速度の影響 [11]
（工作物はクロムモリブデン鋼，工具は超硬合金，すくい角 0°，切込み 2 mm，送り 0.1 mm/rev，乾切削）

が生成し，新生面どうしの直接接触が抑制される．

- **刃先材質の選定**：工作物との親和力が弱く凝着現象の生じにくい材質，たとえば超硬バイトやセラミック系のバイトを用いる．

3-7 切削による加工変質層

切削加工後の工作物表面近傍には，塑性変形と温度上昇により工作物内部とは異なる性質を有する表面層が形成され，一般に金属結晶粒が微細化することにより素地よりも硬く変化した厚さ 1 μm 程度の層状組織を呈する．この層状組織を加工変質層（affected layer）という．

図 3-15 は加工変質層の内部構造を示している．以下，代表的な層について，簡単に説明する．最表面は物理吸着層である．加工中に汚染された表面層で，異物の埋め込みや切削油剤などの油が含まれる．続いて化学吸着層がある．空気や切削油剤との反応層で，化学反応で生じた酸化物や炭化物などで構成される．その下にはベイルビー層がある．この層は，機械加工中に加熱された後，冷たい表面で急冷されて連続的に形成された非晶質層と，表面流動により形成された微細結晶層から構成される．さらに深い領域には，機械的負荷や熱的負荷（熱応力）による塑性変形層などがある．

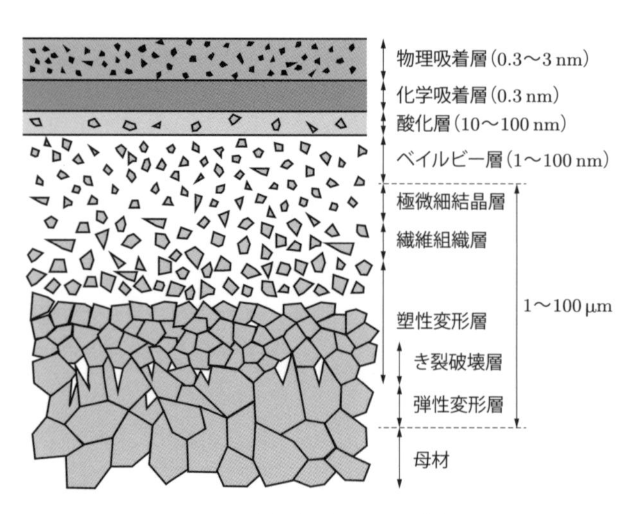

図 3-15　切削による加工変質層

図 3-16 は，切削仕上げ後の表面近傍における断面硬度分布を示している．この図から，鋼種によらず，仕上げ表面に近づくにつれて硬度が上昇することがわかる．これは先にも述べたように，塑性変形による加工硬化と，温度上昇後の急冷による熱応力によって表面部に残留応力（条件により正負が決定）が生じるためである．表面硬化は耐摩耗性が得られるため好ましい反面，脆化により破壊を招く危険性があり注意が必要である．また表面残留応力は，その大きさによっては経年変化により製品の変形を生じることもある．

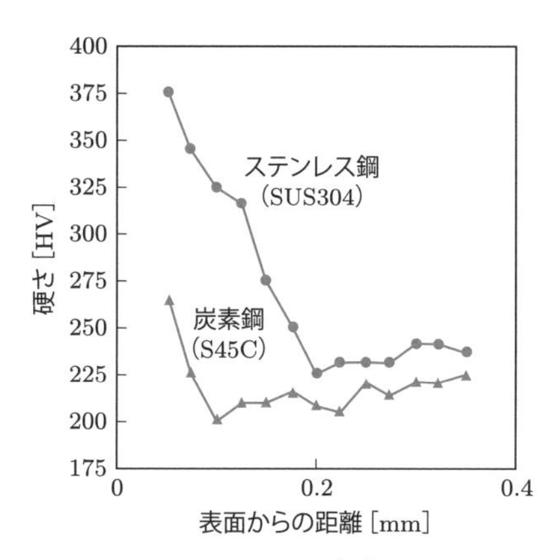

図 3-16　切削仕上げ面近傍の硬度分布[12]
（工具は超硬合金，切削速度 100 m/min，送り 0.12 mm/rev）

加工変質層の低減策として，以下の手法が有効とされる．

- 切削油剤による十分な潤滑と冷却を行う．
- 刃先を鋭利な状態に保ち，構成刃先の発生を防止する．
- 切削厚さを薄くし（送り量の減少，横すくい角の増大），せん断角（図 3-11 において工作物表面とせん断面のなす角）が大きくなるような条件を選ぶことで，切削抵抗を小さくする．

演習問題

3-1　リーマの使用方法と加工例を挙げよ．

3-2　バイトに設けられる以下の角度について，詳しく説明せよ．

① すくい角　　② 逃げ角　　③ 前切れ刃角

3-3　主軸の回転数 500 rpm，工作物の半径 100 mm で旋削を行うときの切削速度 V を求めよ．

3-4　切削工具に求められる性質を五つ挙げよ．

3-5　それぞれの工具材料の JIS 記号を記せ．

① 炭素工具鋼　　② 合金工具鋼　　③ 高速度工具鋼

3-6　切削工具の寿命の判定に用いる基準を五つ挙げよ．

3-7　切削油剤の役割を四つ挙げよ．

3-8　切削抵抗はなるべく小さく，変動が少ないことが好ましい．その理由を三つ述べよ．

3-9　切削作業において，切込み 0.5 mm，送り 1.0 mm/rev とするときの切削抵抗 F_c を求めよ．ただし，比切削抵抗は 1000 N/mm^2 とする．

3-10　構成刃先の発生メカニズムを説明せよ．

3-11　構成刃先の利点と害を説明せよ．

3-12　構成刃先の発生防止法を説明せよ．

3-13　加工変質層の低減策を四つ挙げよ．

第 4 章

研削加工

研削加工（grinding）とは，硬い砥粒を結合剤で固定した砥石（grinding wheel）を高速回転して工作物に押し当て，表面を微小切削する加工法である．仕上げ面の表面粗さという観点では，一般に切削加工と精密加工の中間である．切削により形成された工作物の寸法精度と仕上げ面粗さの向上を目的とする場合と，みがきによる鏡面加工の前加工を目的とする場合がある．使用する工具の形状と工具および被削材の相対運動との関係により，円筒研削盤，内面研削盤および平面研削盤など多くの装置がある．

》研削加工の特徴

- 切削加工よりもさらに高い寸法精度と仕上げ面粗さが得られるため，各種加工後に仕上げとして施される場合が多い．
- 対象となる材料が軟質材から硬質材まで幅広い．とくに，難削材，焼入れ鋼，セラミックおよび超硬合金の精密仕上げにも有効．
- 加工時に熱が発生しやすいが，適切な研削液の使用環境下では，加工変質層の低減が可能．
- 砥石に含まれる多数の砥粒の微小な切れ刃が工作物に対して高速切削作用を有し，短時間で平滑な仕上げ面が得られる．
- 研削加工は仕上げ加工が主目的であり，表 4-1 に示すように，除去能率（＝切込み×送り×工作物速度）は切削加工の 1/10 程度．

表 4-1　切削加工と研削加工の加工条件の比較

	外周旋削	円筒研削
加工の概要	V 切込み 送り	V_W 切込み V_S 送り
除去速度	$V = 100\sim200$ m/min	$V_S = 1500\sim3000$ m/min (工作物速度 $V_W = 10\sim20$ m/min)
切込み	0.5〜3 mm	5〜25 μm (荒研削) 2〜5 μm (仕上げ研削)
送り	0.1〜0.4 mm/rev	10〜40 mm/rev

4-1　研削加工に用いる装置と工具

4-1-1　研削盤

(1) 円筒研削盤

円筒研削盤 (cylindrical grinder) は，円筒形あるいは円すい形の工作物を 10〜20 m/min 程度の表面速度で回転させ，1700〜2000 m/min 程度に高速回転させた砥石を接触させることで，工作物の外周を研削する装置である．工作物あるいは砥石の送り方向により，図 4-1 の二つの方式がある．図 4-2 に代表的な円筒研削盤を示す．

(a) **トラバース研削**：砥石を固定して工作物を移動させる場合と，工作物を固定して砥石を移動させる場合がある．この方法を用いることで，長い工作物の

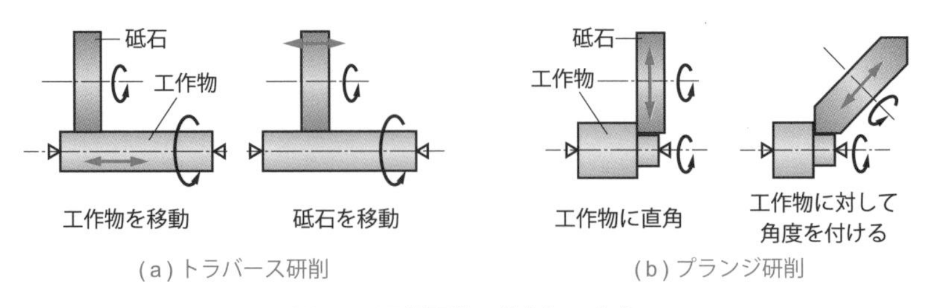

図 4-1　円筒研削の基本加工方式

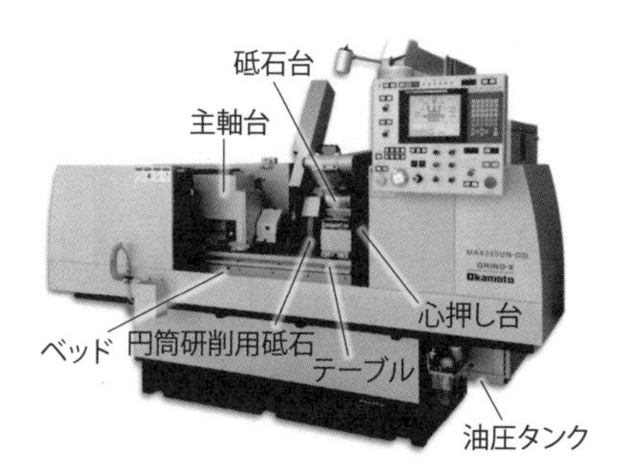

図 4-2　円筒研削盤 [1]

研削が可能であるものの，工作物を送るために時間を必要とし，加工能率が低いため，多量生産には向かない．

(b) **プランジ研削**：砥石の切込みのみで研削する方法である．したがって，トラバース研削に比べて加工能率が高く，多量生産に向いている．しかしながら，トラバース研削に比べて加工精度がやや劣る．

(2) 内面研削盤

内面研削盤（internal grinder）は，図 4-3 に示すように，工作物の円筒内面を研削する装置である．工作物と砥石の運動方式により，工作物と砥石が回転する普通型と，砥石が回転運動と回転送り運動の両方を行うプラネタリ型がある．内面に段形状や溝がない場合は，プラネタリ型ではなく，第 5 章で述べるホーニング加工

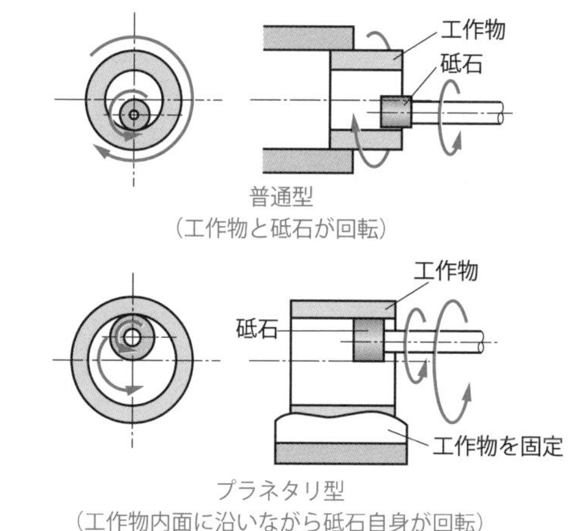

図 4-3　内面研削の基本加工方式

が用いられる．また内面研削では，用いる砥石の直径が小さく，とくに工作物が細穴・深穴の場合は砥石軸が細く長いものとなるため，砥石切込みは上げられず，高速回転させなければならない．また加工精度向上のため，軸径をできるだけ太くし，14000 rpm までの高速回転を可能にした空気タービン式砥石軸ユニットが使用されることもある．

(3) 平面研削盤

平面研削盤 (surface grinder) は，砥石の円周面あるいは端面を用いて工作物の表面を研削する装置である．回転軸の方向や工作物テーブルの送り方法の組合せによって，表 4-2 のように分類される．

表 4-2　平面研削の基本加工方式

		回転軸方向	
		横	縦
工作物	テーブル往復運動	砥石の円周面で研削 砥石の端面で研削	
	通し送り	2枚の砥石で研削	2枚の砥石で研削
	テーブル回転運動		

- **横軸形の研削盤**：砥石軸が片持ちはりなので弱く，大きな砥石切込みや送りを与えるのには不向きである．一方で，砥石の円周面がわずかな当たり面となるため，良好な研削面が得られ，精密研削に向いている．
- **縦軸形の研削盤**：砥石剛性が高いため，切込み，送りを上げやすく，砥石の接触弧が長いので除去能力が高い．このため，重研削に適しており，切削加工を省略して黒皮の素材から研削加工仕上げする場合もある．しかしながら，研削熱の発生量が多く，円弧状の研削条痕が仕上げ面に残る．

4-1-2　研削砥石（grinding wheel）

砥石は表 4-3 および図 4-4 に示すように，三つの要素と五つの因子で構成されている．これらを適切に理解し，選択することで，最良の研削面が得られる．

表 4-3　砥石の 3 要素と 5 因子

3要素	作用	5因子	内容
砥粒（abrasive grain）	切れ刃	種類	機械的特性
		粒度	砥石の大きさ
結合剤（binder）	切れ刃の保持	種類	熱力学的特性
		結合度	保持力の強さ
気孔（pore）	切りくずの排除	組織	砥粒が含まれている割合

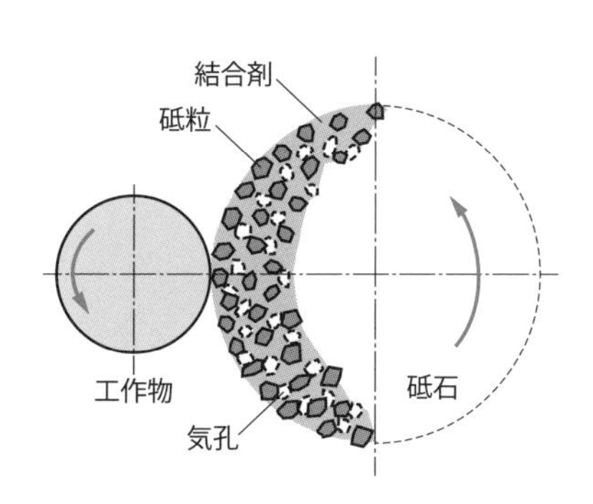

図 4-4　研削砥石の構成

(1) 砥粒の種類

砥粒に求められる特性は，工作物に比べて硬く，衝撃力に耐えうる靭性を有していることである．一方で，砥粒の摩耗により角部が減少した場合は，新しい角部すなわち切れ刃が再生成するように適度に破砕する必要がある．表 4-4 に，砥粒の種類と JIS 記号および主な用途をまとめておく．それぞれの性質は以下のとおりである．

表4-4　砥石の種類

系	材質	JIS記号	主な用途
酸化アルミニウム系	白色溶融アルミナ	WA	硬鋼の精密研削
	褐色溶融アルミナ	A	一般鉄鋼の研削
炭化ケイ素系	緑色炭化ケイ素	GC	特殊鋳鉄・超硬合金の精密研削
	黒色炭化ケイ素	C	非鉄金属・非金属の自由研削
その他	ダイヤモンド（人造）	D	硬脆材料（ガラスなど）の軽研削
	ボラゾン	BN	焼入れ工具鋼・焼入れ高速度鋼の研削

- **酸化アルミニウム系**：WA砥粒は，へき開破壊を生じやすく常に新しい鋭い切れ刃が生成されるため，硬い鋼材の研削に適する．A砥粒は，衝撃吸収特性や靭性に富み安価であるため，一般的な鋼材の研削に用いられる．
- **炭化ケイ素系**：全体的に酸化アルミニウム系より硬いが，靭性が低く破砕しやすい．このため，高硬度のGC砥粒は超硬合金などの研削に用いられ，C砥粒は主として非鉄金属の研削に用いられる．
- **ダイヤモンド**：高硬度の特徴により，超硬合金，セラミックおよびガラスなどの硬脆材料を研削するのに用いられる．しかしながら，耐熱性が850℃以下と低いため，研削温度の高い鉄鋼類の研削には不向きである．
- **ボラゾン**：天然の六方晶系窒化ホウ素を高温・高圧化で変態させたもので，A砥粒の約2倍の硬度と，ダイヤモンド砥粒の1.5倍以上の耐熱性がある．このため，高硬度かつ研削抵抗の大きい焼入れ工具鋼などの研削に適している．ただし非常に高価であるのが難点である．

(2) 砥粒の粒度

表4-5に示すように，砥粒の大きさはJISで定められたふるいの規格番号で表されており，粒度番号が小さいほど大きな砥粒となる．軟質材の研削には，後述の目詰まりを防止するため，荒目の砥粒の使用が適している．硬質材の研削には，砥粒

表4-5　砥粒の粒度

分類	粒度（番）
荒目（粗粒）	10　12　14　16　20　24
中目（中粒）	30　36　46　54　60
細目（細粒）	70　80　90　100　120　150
微粉（極細粒）	220　240　280　320　400　500　600　800

摩耗の抑制などのため，細目の砥粒の使用が適している．

(3) 結合剤の種類

結合剤の役割は，砥石を高速で回転させても研削抵抗や遠心力によって破壊することなく砥石の形を維持し，砥粒の適当な破砕と脱落を可能にすることである．一般的な結合剤の主な特徴は以下のとおりである．

- **ビトリファイドボンド (vitrified bond, JIS 記号 V)**：粘土，長石，ケイ砂，フラックスなどと砥粒を混合し，約 1500℃の高温で焼成することにより磁器質化させたもの．配合割合と焼成条件により，結合力の強さや気孔の容積を調整できる．硬く耐熱性に優れるため，大物刃物や研削き裂の生じやすいものなど，幅広く用いられている．
- **レジノイドボンド (resinoid bond, JIS 記号 B)**：薄い切断砥石など，柔軟性が要求される場合に多用される．主成分である熱硬化性樹脂と砥粒を混合し，約 180℃の低温プレスにより成形される．内部に気孔は生じていないが，切りくずの排出に伴い砥粒内の樹脂が崩れ，切りくずの逃げ場となる．靭性や弾性に優れているため破損しにくく，熱によって軟化しにくいため，切断や超重研削を行う際の高速回転に適した，使用頻度の高い結合剤である．
- **メタルボンド (metal bond, JIS 記号 M)**：銅，黄銅およびニッケルが主成分で，ダイヤモンド砥粒の場合に用いられる．気孔がなく砥粒の保持力が大きいことに加え，砥石剛性が高く熱の拡散性に優れるため，焼入れ後の工具など硬い材料の研削に適している．

(4) 結合剤の結合度

砥粒を保持する結合剤の力の強さには，結合度が用いられる．アルファベット A～Z で表され，最小の結合度を A とし，A, B, C, ...の順に大きくなる．結合剤は，研削加工の進行に伴って砥粒が少しずつ破砕，脱落し，新しい砥粒が砥石の表面に出現するように選ぶことが重要である．たとえば，砥石と工作物との接触面に後述する目詰まりや目つぶれが生じる場合は，仕上げ面が悪くならないように結合度の軟らかい (小さい) 結合剤を用いる．一方，砥石の摩耗が速い場合は，寸法精度が悪くならないように硬い結合剤を用いる．

(5) 砥石の組織

砥石の組織は，砥粒，結合剤およびその間の空間である気孔から構成される．同じ砥粒と結合剤であっても，組織が異なると研削性能が大きく変化する．また砥石の組織は，研削砥石の単位容積あたりの砥粒容積，すなわち砥粒率で表され，砥粒割合が大きいほど組織が密な砥石という．最も密な組織0（砥粒率62%）から最も疎な組織14（砥粒率34%）まで15段階あり，通常の砥石は組織9（砥粒率44%）程度である．一般に疎な組織，すなわち気孔の容積が大きいほど切りくずの排出が容易になり，目詰まりが生じにくくなる．また，砥粒の破砕と脱落も生じやすく，高い研削性能が得られる．一方で，粗い研削面となる．

4-1-3　研削液

切削加工において切削油剤を用いるのと同様に，研削加工においても研削液(grinding fluid)が用いられる．研削液の効果には次のようなものがある．

- **潤滑作用**：砥粒と工作物の間の摩擦抵抗の低下により，摩擦熱の発生が抑制され，後述する加工変質層の発生と研削割れが防止される．さらに，砥粒切れ刃の摩耗量が減少することで，砥石自体の寿命が延長される．
- **切りくず除去**：作業中に多量の研削液を研削箇所に供給することで，切りくずの洗い流しによる目詰まりを防止し，研削能力を維持する．
- **冷却作用**：研削箇所が冷却されるので，切りくずと砥粒の間の焼き付き，後述する研削焼けや加工変質層の発生が防止される．

なお，研削液には水溶液，乳化液および不溶液があり，水溶液は冷却性および流動性に優れている．乳化液は潤滑性や流動性に優れ，発熱も防止できることから，最も多用されている．不溶液は潤滑性や抗溶着性に優れるため，一般的に精密研削に用いられる．

4-2　砥粒の研削作用

研削砥石の中に含まれる砥粒は切削工具のように成形されておらず，図4-5に示すようなさまざまな研削作用を生じる．負のすくい角やすくい面が切削方向に対して一定ではないため，図(a)～(c)のように，切りくずが排出されず，切削作用が得られない場合も多い．

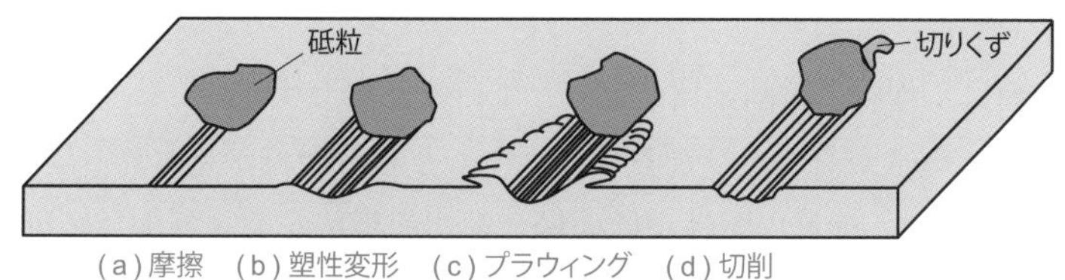

図 4-5　砥粒の研削作用

(a) **摩擦 (friction)**：砥粒が工作物の表面をすべるのみで，除去加工は行われていない．

(b) **塑性変形 (plastic deformation)**：研削痕は生じるものの，実質は両側への塑性流動のみで，除去加工は行われていない．

(c) **プラウィング (ploughing)**：砥粒のすくい面が傾いているため，側面に切りくずが排出され，その両側に残存する．

(d) **切削 (cutting)**：切りくずを砥粒切れ刃の前面に排出して，研削作用が生じている．

4-3 砥石研削面の状態

砥石研削面は，図 4-6 (a)～(c) に示すような状態に変化することがある．このような場合，研削面が寿命に達したと判断し，次節で述べる目なおしを施す．

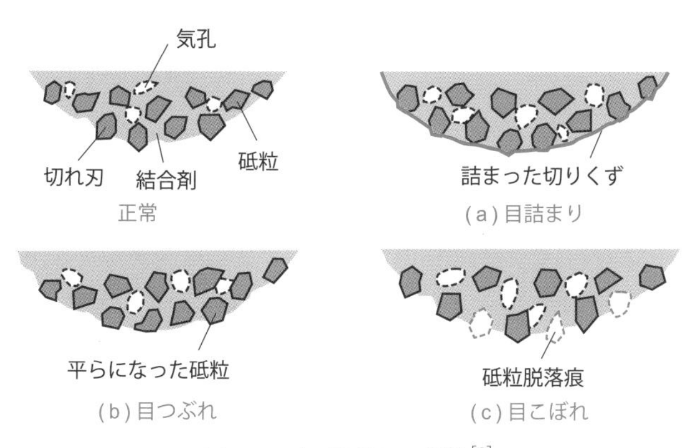

図 4-6　砥石研削面の状態 [2]

(a) 目詰まり (clogging)

砥石研削面に工作物の被削金属が堆積して研削不能な状態のこと．被工作面は変色のほか，面に輝きがなく，びびりマークやむしられた痕が見られる場合がある．なお「びびり」とは，機械の剛性が低い場合や切削抵抗が大きい場合に現れる，工具と工作物間の相対振動のことである．

目詰まりの原因としては，砥石が工作物に適していない，研削液が古い，研削液中に多くの被削金属を含んでいることなどが挙げられる．解決策として，砥石を破砕しやすいものに取り換え，粒度と組織がともに粗く，砥石が工作物に対して軟らかく作用するものを選択する．また，研削液には冷却性に優れたものを選び，常にきれいに保つことも重要である．

(b) 目つぶれ (glazing)

砥石研削面の切れ刃が鈍化し，微小切削作用が生じず研削不能な状態のこと．被工作面にはびびりマークのほか，かなり長く，幅の広い等間隔の変色が見られる場合がある．なお変色は研削焼けによるものである．砥石研削面には光沢が現れる．

目つぶれは，自生作用がはたらきにくいことが原因である．ここで自生作用（self sharpening）とは，砥粒が割れることで鋭い切れ刃が回復したり，小さくなった砥粒が脱落することで砥石内側に新しい砥粒が出現したりすることを指す．解決策として，軟らかい結合度，粗い粒度の砥石に取り換えるとよい．また，砥石の切込み量や送り速度を大きくする，砥石の回転速度，直径および幅を小さくするなどの調整も有効である．

(c) 目こぼれ (shedding)

砥石研削面の切れ刃が砥石から脱落し，微小切削作用が生じにくく，正常な研削面が得られない状態のこと．被工作面には，さまざまな深さの不規則な微小切削痕や砥粒による傷が観察される．また,研削面に輝きがないのも特徴である．さらに,円筒研削などではテーパ状になるので注意が必要である．

目こぼれは，結合度が軟らかすぎるために生じ，砥石の損耗が激しいのが特徴である．解決策として，結合度の硬い砥石に取り換えるとよい．また，工作物の周速度を小さくする，砥石の切込量や送り速度を小さくする，砥石の回転速度を大きくするなどの調整も有効である．

4-4 目なおし

研削による仕上げ面の粗さは，加工痕の種類と大きさによって決まる．具体的には表 4-6 にまとめるように，砥石の種類，研削条件および研削盤に強く影響される．したがって滑らかな仕上げ面を得るためには，たとえば砥石切込み深さが小さくなるような研削条件下にて，切れ刃の間隔の狭い砥石を選び，剛性と精度の高い研削盤を用いればよい．

表 4-6　仕上げ面の粗さに影響を与える因子

因子		仕上げ面の粗さ 粗 ↔ 滑
砥石	粒度	粗 ↔ 密
	結合度	軟 ↔ 硬
	組織	粗 ↔ 密
	直径	大 ↔ 小
	目なおし	深 ↔ 浅
研削条件	砥石速度	小 ↔ 大
	工作物速度	大 ↔ 小
	工作物直径	小 ↔ 大
	砥石切込み	大 ↔ 小
研削盤	振動	大 ↔ 小
	剛性	低 ↔ 高

ここで表中の目なおし (dressing) とは，鈍化した砥粒切れ刃を取り除いたり欠損させたり (図 4-7) して新しい切れ刃を作り出すことや，砥石の気孔に詰まっている切りくずを取り除いたり砥粒を脱落させたりして，新しく切りくずの入る空隙を作り出すことである．目なおしに用いられる手法は，主として以下の二つに分けられる．

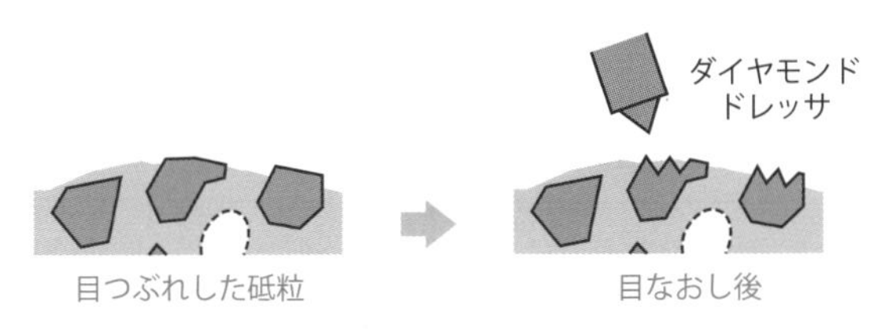

図 4-7　ダイヤモンドドレッサによる目なおし

● **切削法**：単石あるいは多石のダイヤモンドドレッサ（図 4-8 (a)）を用いる方法で，一般に広く用いられている．ダイヤモンドの圧倒的な硬さを利用して，高速回転中の砥粒切れ刃を切削する．

● **圧壊法**：クラッシローラ（図 4-8 (b)）を用いる方法で，成形砥石の輪郭を精密に形作るのに用いられる．クラッシローラを目なおししたい砥石車に突き当てることによって，砥粒にせん断力や圧縮力を加え，砥粒と結合剤をともに破壊あるいは削り取る．

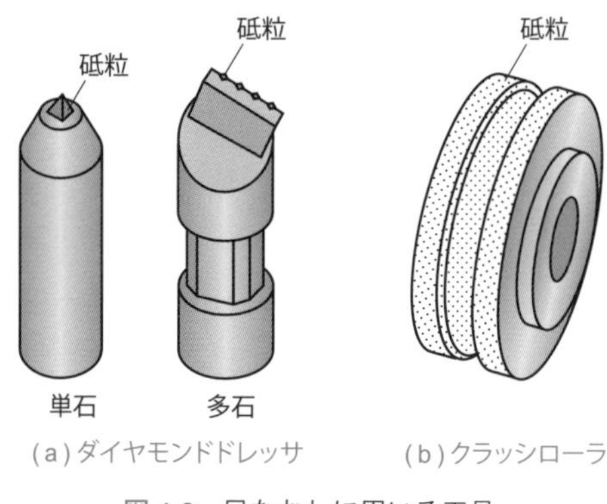

図 4-8　目なおしに用いる工具

4-5 研削抵抗

砥石車により工作物を研削するときの研削抵抗（grinding resistance）は，図 4-9 に示すように，主分力，送り分力，背分力の三つに分けることができる．研削抵抗は，仕上げ面の良否に影響を及ぼし，とくに研削焼けの原因にもなるため注意を要する．

研削抵抗に大きな影響を及ぼす因子としては，結合度，切込み量，送り量（これらが増大すれば，研削抵抗は上昇する），研削速度（速度が上がれば，研削抵抗は

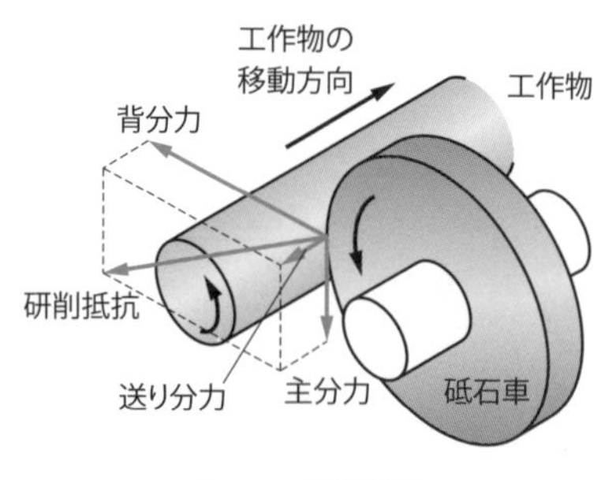

図 4-9　研削抵抗

低下する）がある．したがって加工能率と仕上げ面精度の向上には，砥石の選択や研削条件の適正な調整が必要になる．

4-6 研削熱

研削熱（grinding heat）は，図 4-10 に示すように，砥粒と工作物との間の切削作用や摩擦作用によって発生し，主として切りくず，砥石および工作物に伝達される．高温化することで材料が軟化し，切りくずが生成されやすくなる．一方，砥粒の熱伝導率は低く，加熱時間が短いため，切れ刃の表層部分が瞬間的に高温になるのみで，砥石全体の温度上昇はわずかとなる．また，加熱は瞬間的であり，一般的には接触弧の長さは短いため，工作物への熱伝達は少ない．

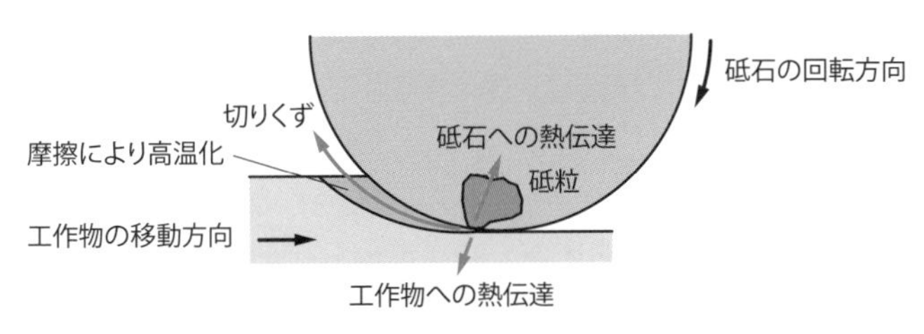

図 4-10　砥石と工作物間の研削熱

4-7 研削による加工変質層

研削面は，砥粒による力学的作用と熱的作用で，図 4-11 に示すような加工変質

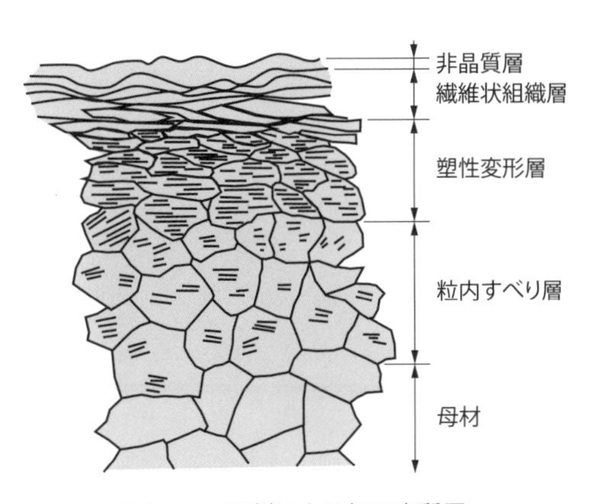

図 4-11　研削による加工変質層

層を生じる．要因は，研削面が一時的に発熱することにある．たとえば円筒研削は，工作物の周速度が 10～20 m/min と遅く，砥石との接触弧長さが大きいので，1000℃程度まで上昇することがある．

切削加工の場合と同様に，表層部においては研削熱の加熱と急冷による金属組織変化を生じ，その下地層においては塑性変形による加工硬化によって硬化層が形成される．

さらに，加熱と急冷による金属組織変化に伴う体積変化によって，被削面には弾塑性変形を生じ，表面に引張残留応力が発生する場合には，耐疲労性（繰返し応力に対する機械的特性）が低下する．一方，表面に圧縮残留応力が発生する場合には，引張応力に対する強度が上昇する．しかしながら，どちらの場合でも，応力が過大になれば経年劣化やクラックの原因となるため，注意が必要である．残留応力の低減には，工作物の周速度を小さくする，砥石の切込み量や送り速度を小さくするほか，研削液を供給し，熱の発生を抑えることが重要である．

4-8　研削における欠陥

前節で述べた砥粒による力学的作用と熱的作用の結果，研削割れや研削焼けが生じる．以下に，それぞれの現象と防止法について述べる．

4-8-1　研削割れ

加工変質層では，程度に差はあるものの常に内部応力が発生し，研削後も残留する．この応力が材料の引張強さよりも大きくなると表面にき裂を生じる．これを研削割れ（grinding crack）という．図 4-12 に示すように，微細なヘアクラックあるいはネットクラック状を呈し，表面下の相当な深さまで進行する場合がある．

対策として，研削前に適当な温度で焼戻し，すなわち応力除去などによる金属組

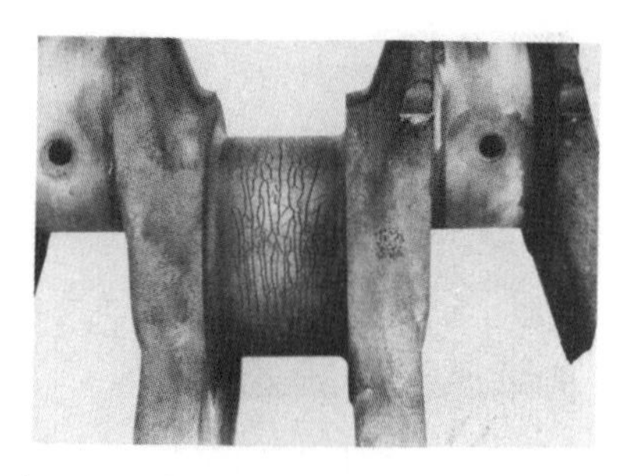

図 4-12　研削割れ（S45C 調質後，高周波焼入戻しを施したクランクシャフト）[3]

織の安定化を行う.

4-8-2　研削焼け

高温で工作物表面を研削し，短時間で酸化すると干渉色を呈する．これを研削焼け（grinding burn）という．研削条件を過酷にし，研削温度が高くなるにつれて，研削焼けは褐色，赤褐色，朱色，青色の順に変化する．

対策として，最高温度および加熱時間ができるだけ小さくなるような研削条件を選択する．

演習問題

4-1　よい研削面を得るため，研削抵抗を小さくするための条件を四つ挙げよ．

4-2　研削液の効果を三つ挙げ，説明せよ．

4-3　砥石構成の5因子の中の「結合度」と「組織」の意味を説明せよ．

4-4　砥石の目なおしの目的を詳細に述べよ．

4-5　砥石の目なおしに使用する工具を二つ挙げ，名称と使用法を説明せよ．

4-6　砥粒切れ刃の自生作用について説明せよ．

4-7　軟質材を研削する場合，研削砥石は荒目の砥粒のものを選ぶとよい．その理由を述べよ．

4-8　砥石は，適切に自生作用がはたらかなければ不具合を生じる．以下の現象について，原因と対策を述べよ．

①　目詰まり　　②　目つぶれ　　③　目こぼれ

4-9　研削熱の利点と害を説明せよ．

4-10　次の語句について説明し，対策を述べよ．

①　研削割れ　　②　研削焼け

4-11　研削加工後の表面には，加工条件により異なる深さの変質層が形成され，硬化する．この原因を二つ挙げ，詳細に説明せよ．

第 5 章

精密加工

精密加工 (prescision processing) とは，主として切削加工や研削加工の後に施される加工法である．切削加工や研削加工よりも表面粗さや寸法精度が優れている．たとえば機構部品は，その表面が滑らかであるほど耐摩耗性に優れ，塑性ひずみを与えることで疲労強度などの機械的特性が向上することから，精密加工が最終仕上げに用いられることもある．用途に応じて，以下に示すような砥石 (grindingstone)，砥粒 (abrasive grain) あるいは塑性ひずみ (plastic strain) による各種加工法がある．

- **砥石による加工**：ホーニング，超仕上げ
- **砥粒による加工**：ラッピング，バフ仕上げ，超音波加工
- **塑性ひずみによる加工**：バニシ仕上げ，ローラ仕上げ，バレル仕上げ，ショットピーニング

≫ 精密加工の特徴

- 切削加工や研削加工に比べ，加工表面の平滑度に優れる．
- 加工表面の平滑度が向上することにより，耐摩耗性を向上させることが可能．
- 加工表面に塑性ひずみによる圧縮応力を付与することで，疲労強度を高めることが可能．
- 機械部品表面の平滑化や精度向上を目的とするため，大きな除去加工には不向き．

5-1 砥石による加工

5-1-1 ホーニング

ホーニング (honing) とは，自動車用内燃機関のシリンダ内面を加工する方法と

して発展した加工法である．現在では自動車のほか，航空機や各種ポンプのシリンダやコンロッドなど，外面や平面の加工にも採用されている．

図 5-1 はホーニング加工を模式的に示したものである．図のように，円筒内面に対して数本の砥石を面で接するように配置し，適当な加工圧力で工作物に押し当て，回転運動（gyration）および往復運動（reciprocation）を与える．加工中は目詰まり防止のために加工液を大量にかける必要がある．

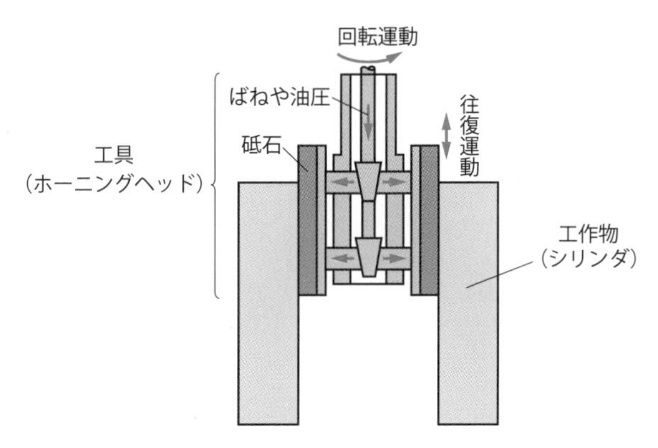

図 5-1 シリンダ内面で運動するホーニングヘッド

図 5-1 のシリンダ内を運動する工具（ホーニングヘッド，図 5-2）は，自在継手（adjustable joint）を介してホーニング盤のスピンドルに取り付けられており，砥石が工作物内面に一様に接触するよう配慮されている．したがって一般的に，ホーニングヘッドは浮遊状態である．また，円筒内面への砥石の加工圧力は，ばねや油圧により制御されており，加工中に切削抵抗を受けた場合でも確実に圧力が作用する．ホーニング用砥石（stick）は，研削加工の場合に比べて接触面積が大きいため，切れ刃の自生作用の大きいものが用いられる．

砥石には細かい砥粒が用いられており，単位面積あたりの荷重が低下するため，

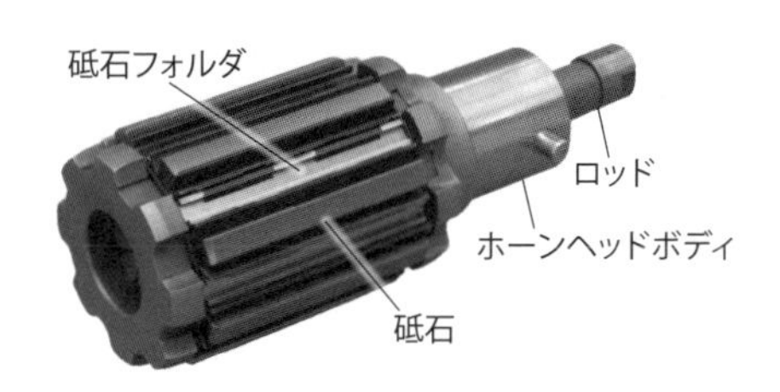

図 5-2 ホーニングヘッド[1]

発熱が生じにくく，加工変質層の生成が抑制できる．また，**図 5-3** (a) および (b) に示すように，ホーニングヘッドの回転運動により真円度が改善され，往復運動により真直度が得られる．一方で，図 (c) に示すようにテーパを修正できるが，ホーニングヘッドが浮遊状態にあるため，あらかじめあけられた穴に沿った研磨のみを行うので，穴の傾きは修正されにくい．なお，円筒内面の仕上げ面には，**図 5-4** に示すようなクロスハッチ (crosshatch) の条痕が残る．クロスハッチはピストンの動きに対して斜交するので機械的に強く，耐摩耗性がよいといわれている．また，潤滑油の浸透がよいため，たとえばエンジンのシリンダボアの最終仕上げに行われる．

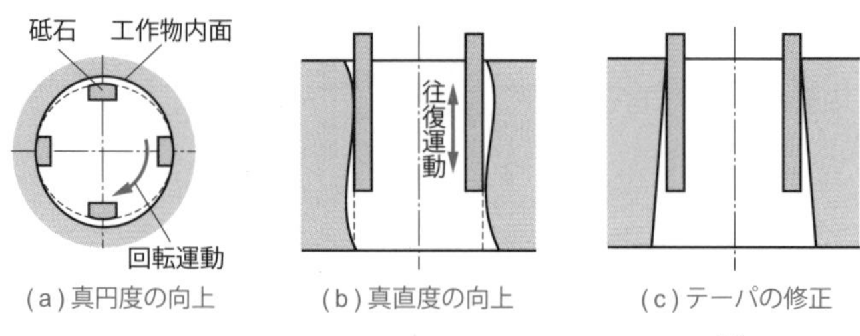

図 5-3　ホーニングによる真円度・真直度の向上 [2]

図 5-4　クロスハッチの条痕 [3]

5-1-2　超仕上げ

超仕上げ (super finishing) とは，ホーニングと同じように砥石を用いて，工作物表面を平滑な鏡面に仕上げる加工法である．円筒外面や円筒内面，さらには平面や曲面に対して用いられる．鏡面は摩耗・摩擦が極めて小さいため，そのような面が必要な製紙用のロールや軸受部品などに採用されることが多い．ただし，工程が増えることになるためコストは増加する．また，切削加工や研削加工と異なり，砥石の加工圧力と工作物との相対運動速度が小さく，発熱がほとんど生じないため，加工変質層の生成が抑制される．

図 5-5 は，円筒外面の超仕上げ加工を模式的に示したものである．図のように，砥石（極小の粒度，軟らかい結合度，粗い組織）を低加圧で工作物の加工面に押し当て，工作物には回転，砥石には短い工程の速い振動運動（vibratory motion）を与える．砥石を素早く振動させることで，各砥粒に作用する力の向きが短い間で何度も変化する．したがって，ホーニングよりも砥粒切れ刃の自生作用が大きくなり，方向性がほとんどない平滑面が短時間で得られる．

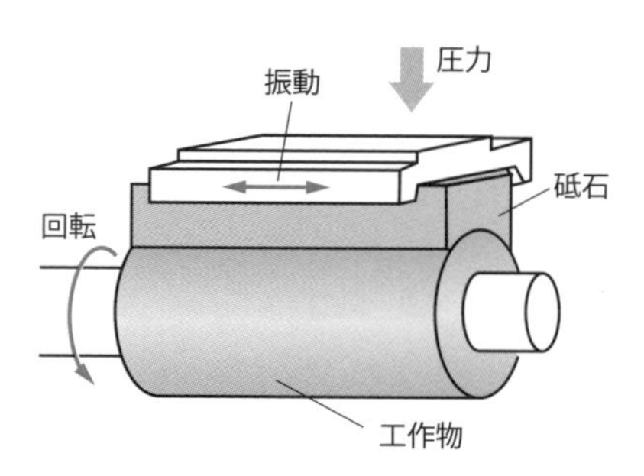

図 5-5　円筒外面の超仕上げ

図 5-6 に示すように，とくに加工開始時には真実接触点 A，B および C のように数が少ないために接触応力が大きく，切れ刃の自生作用により鋭利な切れ刃が山の部分を急速に削り取る．加工が①から②に進行すると，真実接触部が広がることで接触部への応力が低下する．また一般に，砥石の気孔は切りくずにより目詰まりを生じることで，砥石の作用が除去作用からみがき作用（すり合わせ運動）に移行し，鏡面が得られるようになる．したがって加工圧力が低すぎる場合は，②まで進行したところで圧力が均衡し，前加工の深い傷 D，E，F および G が残存することになる．そのため，加工圧力は材料や前加工状況により慎重に選ぶ必要がある．

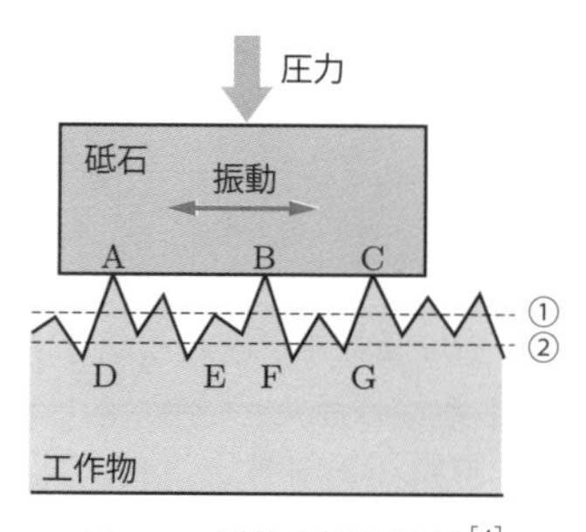

図 5-6　超仕上げの過程[4]

図5-7は，加工時間による表面粗さ変化を示したものである．超仕上げは，真円度や真直度の修正などはできないものの，ホーニングと比較すると短時間で滑らかな表面が得られることがわかる．

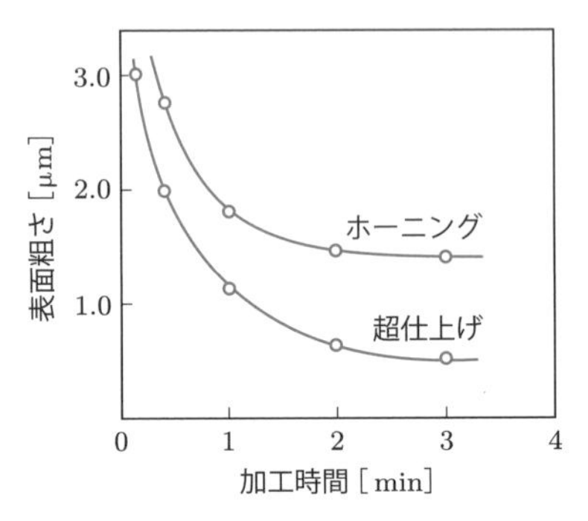

図5-7　超仕上げとホーニングの比較[5]

5-2 砥粒による加工

5-2-1　ラッピング

ラッピング（lapping）とは，工作物の寸法精度を高め，仕上げ面を滑らかにすることを目的とする加工法である．取りしろは，通常0.01〜0.02 mm程度である．切削加工や研削加工よりも良好な平滑面が得られる．加工対象は平面に限らず，円筒の内外面，さらには光学機器用レンズの曲面，歯車，半導体などにも及ぶ．ラッピングマシンの外観を図5-8に示す．

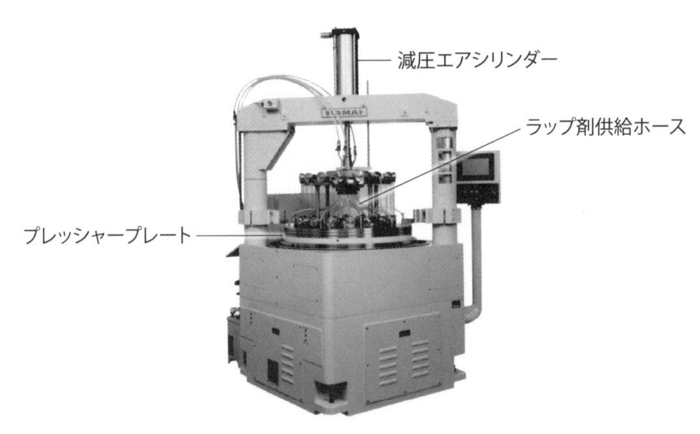

図5-8　ラッピングマシン[6]

(1) 方式

ラッピングは，以下に示すように湿式法と乾式法があり，用途に応じて使い分けられている．湿式法は，比較的高速で行われるので作業能率が高く，荒仕上げに用いられることが多い．一方で乾式法は，仕上げ量が小さいため，つや出しや精密仕上げに用いられることが多い．

- **湿式法：**砥粒であるラップ剤と加工液であるラップ液とを混ぜたものを工作物とラップ定盤の間に介在させ，相対運動させることにより仕上げる．工作物の加工表面近傍では，図 5-9 に示すように，ラップ剤がラップ定盤に埋め込まれずに転がることで微小な切削現象が生じ，その結果，梨地の無光沢面が形成される．

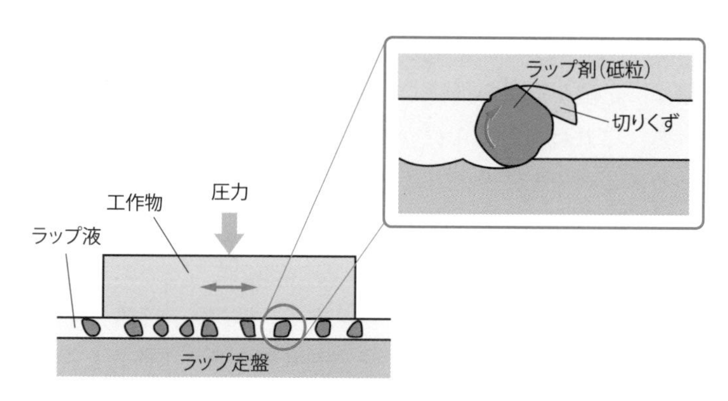

図 5-9　ラップ仕上げ（湿式法）

- **乾式法：**まず，ラップ剤とラップ液を用いてラップ定盤上に砥粒を一様に埋め込む．その後，余分なラップ剤とラップ液をすべてふき取り，乾燥状態にして加工を開始する．すると工作物の加工表面近傍では，図 5-10 に示すように，

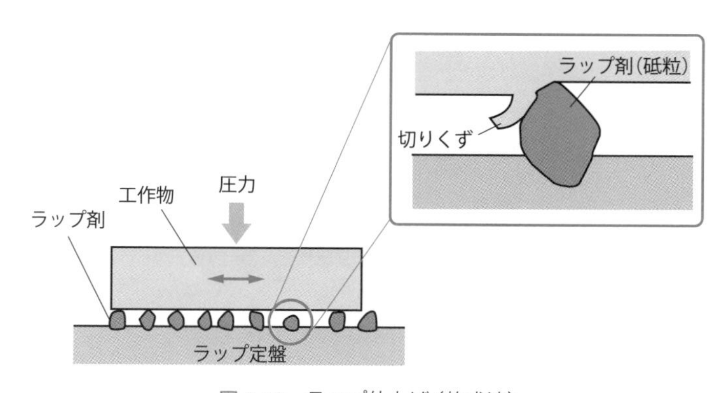

図 5-10　ラップ仕上げ（乾式法）

砥粒の引きかきによる加工が行われ，細かい引き傷は残るものの，光沢を有した加工面が形成される．

(2) 用いられる素材

ラップ剤には，主として炭化ケイ素と酸化アルミニウムが用いられる．炭化ケイ素は硬く破砕しにくいので荒仕上げに，酸化アルミニウムは破砕しやすいので精密仕上げに用いられる．そのほか，工作物に応じてダイヤモンドや炭化ホウ素など，硬質で機械的作用に優れる砥粒が使用される．

ラップ液に求められる性質は，ラップ剤と混合した際に，ラップ剤を均一に分散させ，放熱特性に優れることである．工作物の洗浄の容易さと，化学的作用のために使用される酸やアルカリの混合を考慮し，水系のラップ液が多用されている．

ラップ定盤は，正確な形状を維持できる耐摩耗性が要求される．素材には鋳鉄が多く用いられる．これは，材料中に含まれるグラファイト（黒鉛）が潤滑剤として作用するためである．そのほかの素材として，銅や銅合金なども用いられる．

5-2-2　バフ仕上げ

バフ仕上げ（buffing）とは，布，皮，ゴムあるいはフェルトなどの弾性的な性質をもつ円板状のバフ車（buffing wheel）を高速回転させ，工作物を押し当てて表面仕上げする加工法である．塑性変形によって工作物表面の凹凸が平坦化される．バフ車の円周または側面には，加工工具の機能をもたせるために，砥粒または油脂が接着されている．バフ研磨機の概観を図 5-11 に示す．

比較的簡単に表面を磨くことができるため，古くからめっきの下地仕上げやつや出しなどに幅広く用いられている．また，加工中の高温高圧下における油脂と表層の金属との反応によって，化学的な清浄作用が得られる．さらに，ほかの仕上げ方

図 5-11　バフ研磨機[7]

法では難しい「凹面の研磨仕上げ」が可能である．一方で，弾性的な特性を有するバフ車を用いるため，寸法精度が要求される部品などには使用できない．

5-3 塑性ひずみによる加工

5-3-1　バニシ仕上げ

バニシ仕上げ（burnishing）とは，穴あけやリーマ加工後の穴の仕上げ面を良好な状態にするための加工法である．図 5-12 に示すように，前加工の内径よりわずかに大きい直径の球状あるいはそろばん玉のような形状の工具を穴に圧入し，わずかに内径を大きくし，滑らかで精度の高い内面に仕上げる．

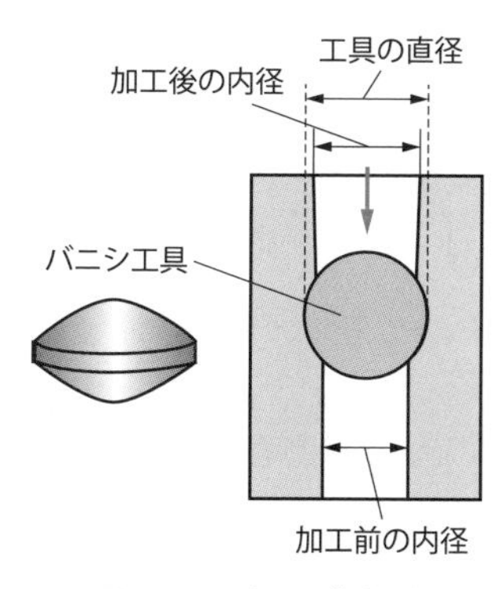

図 5-12　バニシ仕上げ

直径数 mm の小孔など，ほかの加工法では困難な箇所にも適用可能で，短時間かつ安価である．一方で，硬い素材には不向きで，銅やアルミニウムなどの軟質材料，比較的軟らかい鉄鋼製の工作物に限定される．また，工作物の素材や形状により弾性変形を生じることで，穴の直径が工具直径より小さくなるため，加工前の検討が必要である．

5-3-2　バレル仕上げ

バレル仕上げ（barrel finishing）とは，図 5-13 に示すバレル槽とよばれる八角柱あるいは六角柱の形状の容器に，工作物と後述の研磨石，メディアおよびコンパウンドの混合物を挿入して回転させ，接触や衝突により工作物の表面を滑らかにする加工法である．バレルは比較的低速で回転させて数時間かけて仕上げるのが一般的で，主な作用はカッティング（cutting）による凹凸の除去とポリッシング

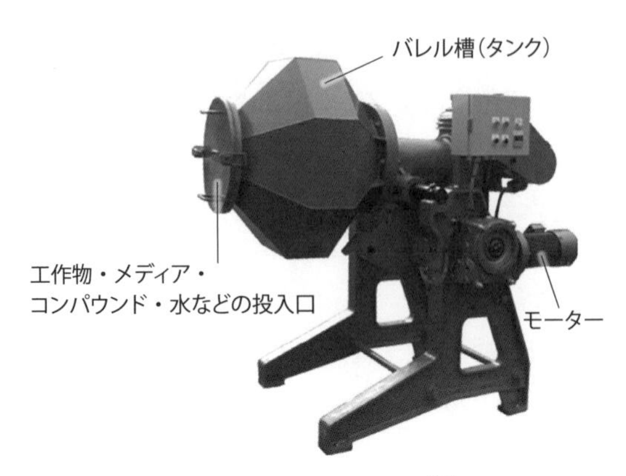

図 5-13　バレル研磨機 [8]

(polishing) によるつや出しである．また，混合物の適正な選択により，ばり取りや丸み付けなども可能となる．

図 5-14 はバレル仕上げの概要を示しており，A～E は工作物の移動する様子を示している．A～C においては，重力とメディアの摩擦力によりカッティングとポリッシングが同時に施される．C～E においては，主として研磨石上の滑り運動によるポリッシングが施される．

以下に，工作物とともに挿入する研磨石，メディアおよびコンパウンドについてまとめる．

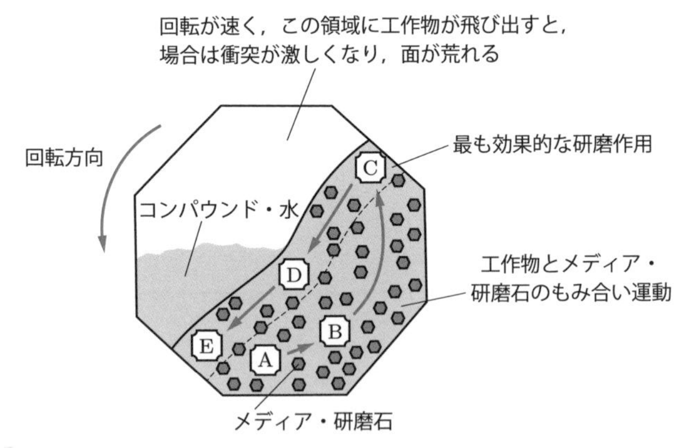

図 5-14　バレル仕上げ
(図中の A～E は工作物の動きを表す)

- **研磨石（polishing stone）**：工作物どうしの接触による傷を防止し，研磨作用を有している．材質は二酸化ケイ素を主成分とするものや金属酸化物などがある．形状は球形，四角形，三角形など，用途に応じて使い分けられている．
- **メディア（media）**：研磨石とは異なり，工作物どうしの接触による傷の防止が目的である．研磨石を含めてメディアとよぶこともある．メディアは，工作物の最終的な仕上げ作用を有している．材質は石英などの鉱物やプラスチックスのほか，軟鋼などの金属が用いられる．
- **コンパウンド（compound）**：研磨効果を向上させる添加剤であり，一般にバレル仕上げは，コンパウンド溶液中の湿潤状態で施される．コンパウンド溶液には，主に以下の作用がある．
  - 工作物の傷の防止
  - 滑り運動の潤滑作用
  - 工作物と研磨石およびメディア表面の清浄化
  - 加工後の工作物の防錆作用

  とくに鉄鋼に対しては，その作用から，表 5-1 に示す三つのコンパウンドに分類される．

表 5-1　コンパウンドの種類と効果

種類	効果
酸性コンパウンド	スケール（金属表面の酸化物層）の除去
アルカリ性コンパウンド	防錆，光沢の保持
石けん形コンパウンド	界面活性作用，光沢のある仕上がり

5-3-3　ショットピーニング

ショットピーニング（shot peening）とは，ショット（shot）とよばれる鋼製の小球を加速して工作物に打ちつけ，表面を微小変形させ，加工硬化により表面硬度を向上させる加工法である．ショットには直径 0.4～0.9 mm 程度の小球を使うのが一般的であるが，工作物によっては鋼線を直径と等しい長さに切断したもの（カットワイヤショット）なども用いられる．主に板ばねや歯車，軸類などの製作に用いられる．表面硬化以外の作用として，切削や研削による工作物表面近傍の引張残留応力を圧縮残留応力に変える作用もある．これにより，疲労寿命を延ばすことができる．また，鋳物に付着した鋳物砂の除去や工作物表面の錆び落としなどの表面清浄化にも用いられることがある．

吹付け方法には，図5-15 (a) に示す空気圧縮式や図 (b) に示す遠心吹付け式がある．空気圧縮式はショットを混ぜた圧縮空気をノズルから吹付ける方式で，複雑部品などに適するものの，大型部品には不効率である．一方，遠心吹付け方式は多量のショットを高速で吹付け可能で，吹付け方向の変更も容易で効率的である．

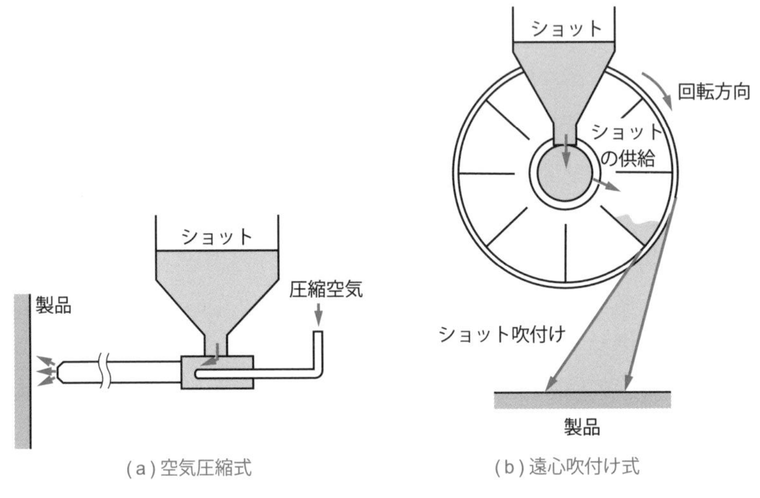

図5-15　ショットピーニング装置

演習問題

5-1　ホーニングにおいて，工作物端面に対する穴の直角度が修正されにくい理由を述べよ．

5-2　ホーニングにより仕上げられた内面は，摩耗に強いことが知られている．その理由を加工痕の観点から述べよ．

5-3　超仕上げを行う際，工作物が軟らかい場合には，砥石の結合度は硬いものを選択すべきである理由を述べよ．

5-4　一般に超仕上げは，ホーニングに比べ加工時間が短い．その理由を二つ述べよ．

5-5　ラッピングには湿式法と乾式法がある．それぞれの用途を述べよ．

5-6　バレル仕上げにより工作物に与えられる効果を三つ挙げよ．

5-7　ショットピーニングにより得られる効果の説明と，その製品例を示せ．

第 6 章

特殊加工

切削加工と研削加工は，製品の形状を指定された寸法に合わせて素早く製造することができるため，除去加工の中でも多用されているが，塑性加工用の硬くて脆い材料などには適さないことがある．また，タービン翼や各種サイズのプロペラなどの3次元曲面を削り出すには時間がかかる．さらに，細い溝やスリットなどは加工そのものが困難で，何らかの非力学的な加工法が必要になる．

そのようなときに選択肢の一つとなるのが特殊加工である．本章では，電解加工や放電加工などの電気化学的加工法に加えて，電子ビームやレーザ加工などの物理的加工法についても学ぶ．

6-1 電解加工と放電加工

6-1-1 電解加工

電解加工（electrochemical machining）とは，金属の電気分解を利用した加工法である．切削工具を必要としない非接触の加工であるため，切削加工時の切削工具のような損耗がない．この特徴を活かして，切削加工が困難な高張力鋼や超硬合金の鋼材の穴あけ，型彫りなどに使用される．

実際の加工は，図 6-1 に示すような構成の加工機を用いて，次のように実施する．

① 工具電極と工作物を近距離（0.1～0.7 mm）に近づけ，その間に食塩水などの電解液を高速（10～60 m/s）で流す．

② 工具電極を陰極，工作物を陽極として直流通電する（10～20 V の直流電圧またはパルス電圧，電流密度は 20～200 A/cm^2 と高密度にする）．

③ 工作物が通電により溶解するので，溶解速度に応じて工具電極を移動させ，穴あけなどの加工を施す．

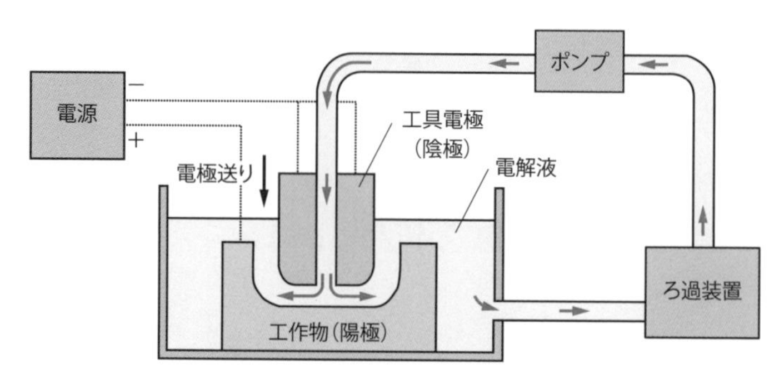

図 6-1　電解加工の装置構成（工作物の穴あけ加工）

加工後の電解液中には金属イオンが溶解しているため，廃液処理が必要である．また，加工中の水素ガスなどの処理も必須である．一方で，工具電極はほとんど消耗しないため，頻繁に金型の交換が必要な鍛造型の型彫りなどにおいては有利であるといえる．工作物が電解液中に溶出するので，それが工具電極に析出しないようにするため，ステンレス鋼に硬質クロムめっきを施したものが用いられる．また電解加工では，適正な電流密度を経験的に決めることが可能であるため，加工面積に応じた電流密度を設定することで，工具電極の送り速度を一定にできる．これにより，自動送りが可能になる．

電解加工の応用例には電解研削（electrochemical grinder）がある．この加工法は，電解加工と，メタルボンドのダイヤモンド砥石による機械的な研削作用を併用したものである．ダイヤモンド砥石の主な役割は加工中に生じる工作物表面の酸化皮膜（絶縁体）の除去であり，切削作用はほとんど生じていないのが特徴である．

電解加工は，近年では，電子部品における難加工材や複雑形状への利用が拡大している．また，加工電圧の印加条件や低濃度の電解液を用いたマイクロ加工への展開により，さらに微細な加工が可能となっている．

電解加工の特徴

- 切削加工が困難な超硬合金などの穴あけや形彫りが可能.
- 工具電極側では水素ガスが発生するのみで，工具が消耗せず，再利用可能.
- 金属の電気分解を利用した加工法であり，電解液中に金属が溶解するため，廃液処理が必要.

6-1-2 放電加工

放電加工（electric discharge machining）とは，工作物と工具電極の間で火花放電（正確には，不連続に発生する火花放電と，持続的に発生するアーク放電の中間的な過渡放電）を生じさせ，それにより工作物の加工部近傍を飛散させ，穴あけ，型彫り，あるいは切断を行う加工法である．前項の電解加工と同様に，各種金型に用いられる高硬度を有した材料であっても容易に加工できる特徴がある．

実際の加工は，図 6-2 に示すような構成の加工機を用いて，次のように実施する．

① 工具電極と工作物の間（数十 μm の間隔）に直流電圧（通常 100〜180 V）を印可すると，パルス状に火花放電が生じる．放電の中心部は 6000〜7000 ℃に達するため，工作物は短時間のうちに溶融・蒸発し，微小な放電痕が形成される．

② 除去された部分が絶縁液に接することで凝固し，微小な球状の加工くずとして絶縁液中に排出される．

③ 工具電極と工作物の間隔が狭い，あるいは加工くずにより間隔が狭くなって通電しやすくなっている箇所に放電の発生が集中し，火花放電を繰り返す．

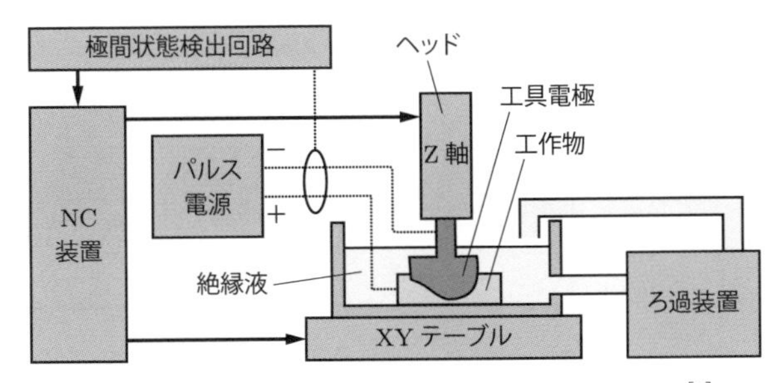

図 6-2 放電加工の装置構成（工作物のくぼみ加工）[1]

工具電極は陽極，すなわち工作物からのイオン衝突を受けることで消耗し，形状が変化する．そのような工具で加工を続けると，工作物の仕上がりの精度が落ちてしまうため，工具にはなるべくイオン衝突に対して消耗しにくい材料を用いる．代表的な材料としては快削黄銅がある．また，高価ではあるが，銀とタングステンからなる合金もある．ただし，どのような材料を用いても消耗は避けられないため，仕上げ時に新しい工具電極を用いるのが好ましい．

放電加工の応用例にはワイヤカット放電加工（wirecut electrical discharge machining）がある．この加工法は，図 6-3 に示すような構成の加工機を用い，ワイ

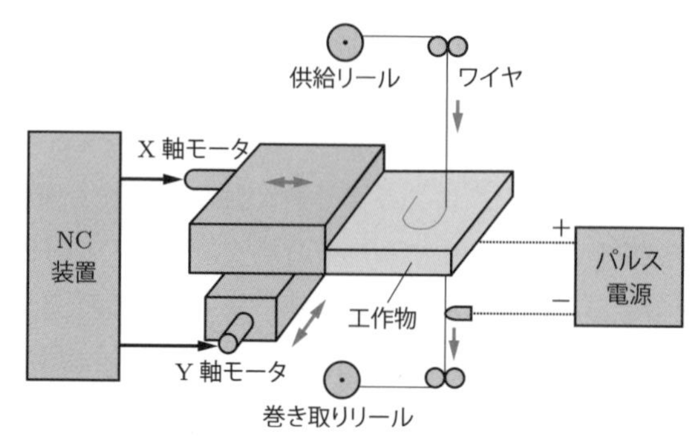

図 6-3　ワイヤカット放電加工の装置構成 [2]

ヤ (0.02～0.3 mm) を電極として送りながら，糸ノコの要領で 2 次元加工するものである．一般的な加工法では製作できない金型の成形のほか，ワイヤを傾けるなどすればテーパ加工も可能である．さらに，非接触加工であるため残留応力が生じず，工作物が薄いあるいは長い場合に向いている．近年はマイクロ加工への応用展開が進んでおり，通常のドリルでは加工が難しい深穴であっても加工が可能になっている．

≫ 放電加工の特徴

- 電極の形状を変化させることで，さまざまな形状のくぼみや穴あけ加工ができる．
- 非接触の加工で機械的な外力が加わらないため，加工変質層が非常に薄い．
- 加工表面には火花放電による凹凸が残存し，鏡面が得られず，高い寸法精度が得られない．

6-1-3　電解加工と放電加工の比較

電解加工と放電加工は，加工対象が電気伝導性を有する材料であるなど，共通する部分が多い．一方で，電解加工が電気化学的であるのに対して放電加工は熱的であり，加工原理が大きく異なり，速度や精度に大きな差がある．とくに，電解加工の加工間隙は放電加工に比べて 1 桁大きく，複雑な電極形状の場合は，電解液の流れが均一にならないため，放電加工よりも加工精度が劣る．**表 6-1** にそれぞれの加工法の特徴をまとめる．

表 6-1　型彫りにおける電解加工と放電加工の比較

	電解加工	放電加工
加工速度	速い	遅い
加工精度	± 0.03～0.3 mm．鋭い角の精度は得られない．	± 0.005～0.05 mm．精度は加工形状に無関係．
仕上げ面	鏡面に近い平滑面．加工変質層なし．	放電痕の集積した梨地面．熱変質層あり．
工具電極	消耗なし．電気伝導性があれば何でも可．	消耗あり．工作物に応じて材料を選択．
加工液	排ガス・廃液処理が必要．	灯油または水であるため処理が簡単．

6-2 電子ビーム加工

電子ビーム加工（electron beam machining）とは，高真空中で加熱されたタングステン陰極から放出された電子線を，直流電圧（50～150 kV）によって加速し，その電子線を真空中に設置した工作物に衝突させ，局部的に加熱する加工法である．微小な加工が可能で，小穴（0.1 mm）やスリットをあける際に使用される．

実際の加工は，図 6-4 に示すような加工機を用いて，電子銃から放出された電子ビームを，集束コイルによりスポット径数 100 μm 程度に絞り，高密度化し，偏向コイルにより走査させ，工作物の任意の位置に集中させることで行う．

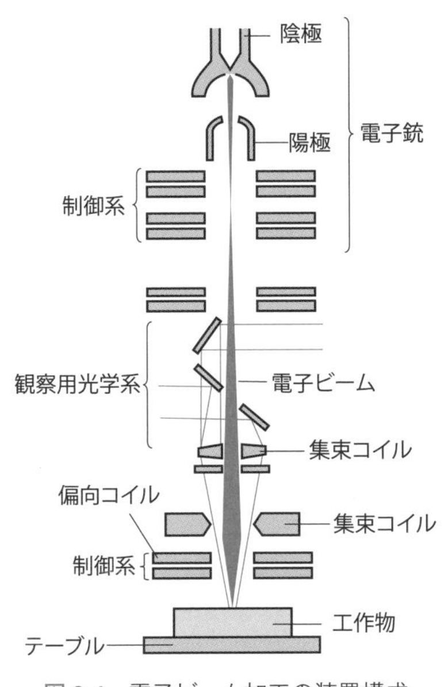

図 6-4　電子ビーム加工の装置構成

図6-5に示すように，電子ビームのパワー密度を調整することでさまざまな加工を施すことが可能で，たとえば密度を低くした場合は焼入れなどの熱処理，中程度の場合は切断や溶接，高くした場合は穴あけを行うことができる．

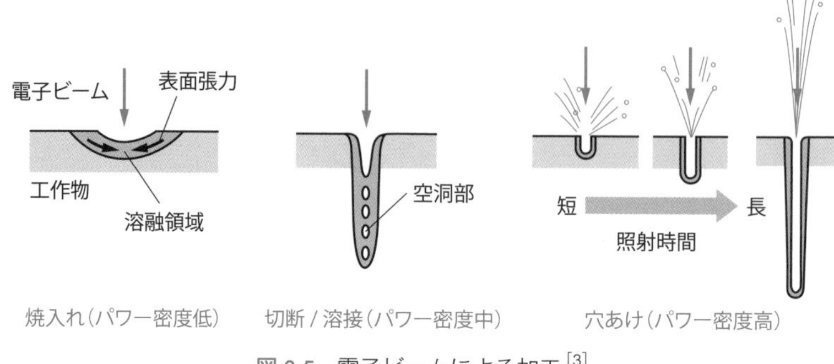

図6-5　電子ビームによる加工[3]

電子ビーム加工の特徴

- 真空中の加工法であるため，チタン，ジルコニウムおよびニオブなどを含む酸化や窒化されやすい材料であっても加工できる．また，加工中の汚染が少なく，気体分子との衝突によるエネルギーロスを抑えることが可能．
- 高温となる箇所が限定的で，工作物の熱によるひずみが少ない．
- 工作物表面の反射が生じないので，エネルギーのほとんどが熱に変換され，後述のレーザ加工では困難な材料（アルミニウムや銅合金）であっても溶接などの加工が可能．
- 磁性材料の場合，電子ビームが曲がるので，溶接が困難な場合が多い．
- 真空チャンバサイズにより，工作物の大きさに制限がある．

6-3　レーザ加工

レーザ加工（laser machining）とは，指向性が強く高いエネルギーをもつレーザ光を，レンズにより工作物の加工部に焦点を結ぶことでエネルギーを集中させ，溶融・気化・変形させる加工法である．微小孔やスリットなどの精密加工のほか，切断や微細溶接に用いられる．

実際の加工機は，図6-6に示すように，発振器，光学系および各部からなる．発振器には主として固体レーザ，気体レーザおよび半導体レーザがあり，加工用とし

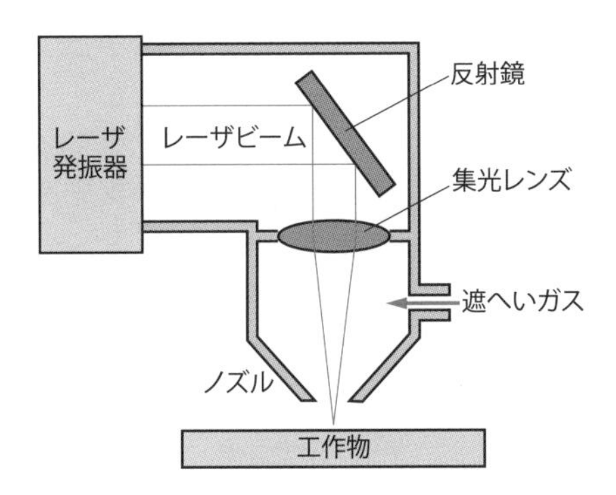

図 6-6 レーザ加工の装置構成

ては一般的に固体レーザが用いられる傾向にある．狭いスポットにエネルギーが集中するので，加工部の温度は 10000℃に達するともいわれている．加工部は，工作物の酸化を防止するため，遮へいガスで覆われることがある．

各種レーザの用途や特徴を以下にまとめる．また，詳細な比較を表 6-2 に示す．

- **固体レーザ**：レーザ媒質が固体であるものを固体レーザという．ただし，半導体の場合は性質が異なるため，区別するのが一般的である．金属に対するエネルギー吸収性に優れており，より少ないエネルギーで加工できる．YAG（Yttrium，Aluminum，Garnet）レーザが代表的である．
- **気体レーザ**：レーザ媒質が気体であるものを気体レーザという．レーザ媒質は炭酸ガス，ヘリウムネオン，アルゴンイオン，エキシマなどがある．固体レーザに比べて大きな出力を得ることができる．とくに炭酸ガスレーザは金属に限らずプラスチックにも適用可能で，幅広く用いられている．
- **半導体レーザ**：レーザ媒質が半導体であるものを半導体レーザという．半導体の組成を変えることで，さまざまな波長のレーザを得ることができる．固体レーザに比べ，光源費用や電力量の観点での費用対効果が高い．また発振波長から，

表 6-2 各種レーザの詳細比較

レーザの種類		発振波長 [μm]	平均出力 [W]	パルス発振繰返し [Hz]	効率 [%]
固体レーザ	YAG レーザ	1.064（Nd:YAG）	10～6000	0.001～0.5	1～4
	ファイバーレーザ	1.05, 1.09	1～20000	DC～5	20～30
気体レーザ	炭酸ガスレーザ（ガスフロー型）	10.6	1000～20000	10～100	10～20
半導体レーザ		0.78～0.98	30～10000	DC～5	～60

アルミニウムどうしやプラスチックと金属，あるいはプラスチックどうしを接合する際にも活用される．

レーザ加工では，図 6-7 に示すように，レーザ光の集光度合いを調整することでさまざまな加工を施すことが可能である．

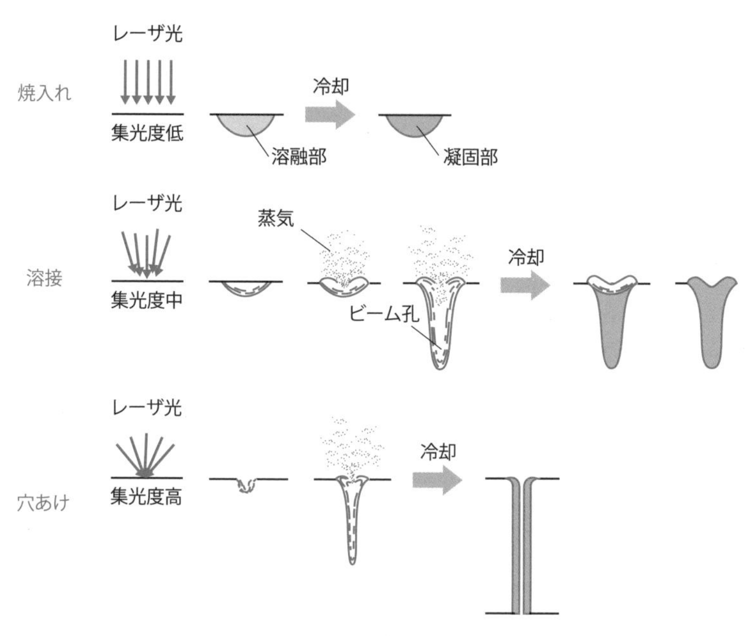

図 6-7　レーザによる加工

金属材料にレーザ光を照射すると，その一部が反射され，残りが吸収される．吸収されたレーザ光により，局部的に温度が上昇し，加工に適した状態になる．したがって材料表面におけるレーザ光の反射率は，加工品質の重要な指標である．図 6-8 は，レーザ光の波長と各種金属の固体状態での反射率の関係を示している．この図から，YAG レーザ光は炭酸ガスレーザ光よりも金属に吸収されやすいことがわかる．

近年，溶接分野においてもレーザが用いられている．たとえば図 6-9 に示すように，加工端の発熱量を基準にレーザ出力を自動制御する溶接機が考案されている．溶接機内部の出力を基準とした場合よりも効果的に加工を施すことができる．

前節の電子ビーム加工との比較を，表 6-3 に示す．

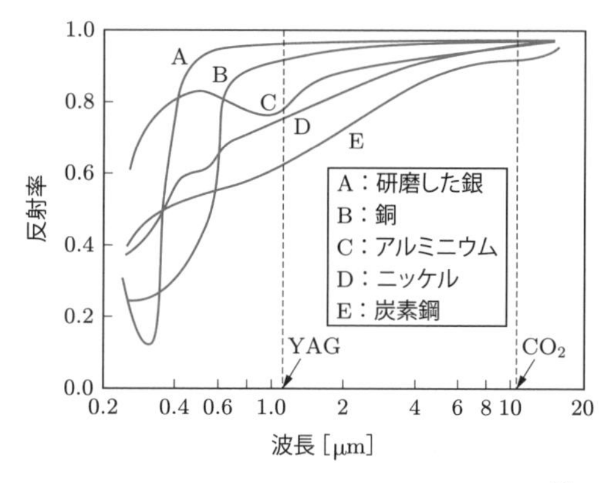

図 6-8　レーザ光の波長に対する金属の反射率 [4]

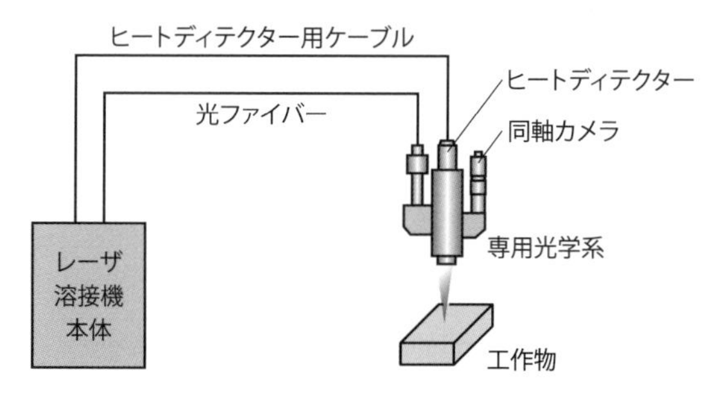

図 6-9　自動制御機能を有したレーザ溶接機

表 6-3　電子ビーム加工とレーザ加工の比較

	電子ビーム加工	レーザ加工	
		CO_2 レーザ	YAG レーザ
出力範囲	3〜100 kW	0.5〜45 kW	0.1〜5 kW
溶込み能力	約 150 mm (100 kW 時)	約 30 mm (45 kW 時)	約 10 mm (6 kW 時)
エネルギー効率	ほぼ 100%	約 20%	数%
実用最大板厚	約 100 mm	数 mm 以下	左に同じ
溶接雰囲気	真空 ($< 10^{-2}$ mmHg). 被溶接物を真空中に設置.	大気圧でも可. 不活性ガスによるシールドが一般的.	左に同じ
被溶接材料	金属のみ. 亜鉛, マグネシウムなどの高蒸気圧金属を含む材料は不向き.	金属・非金属	左に同じ

レーザ加工の特徴

- 電子ビーム加工と異なり大気中で加工することができ，生産性が高い一方で，工作物表面の反射率が高い場合には加工効率が低くなる．
- 従来の工具では届かない箇所を，ピンポイントで急速に加工できる．
- 加工装置の劣化が少ないため，工作物の汚染が少なく，高い加工精度が維持できる．

6-4 プラズマジェット加工

プラズマジェット加工（plasma jet machining）とは，プラズマ（高温に加熱された気体が自由電子と正イオンに電離したもの）をジェット状に噴出させて切断や溶接を行う加工法で，金属，非金属に関わらず，高融点材料にも適用可能である．

実際の加工は，図6-10に示すような加工機を用いる．電極とノズル間にアーク放電を発生させると，通過するガスが電離されて超高速・高温のプラズマジェットとなる．これを利用して加工する．また，図6-11に示すように，噴出されるプラズマジェットは数万℃に達する．溶接に用いる場合，溶接部が空気中の酸素により

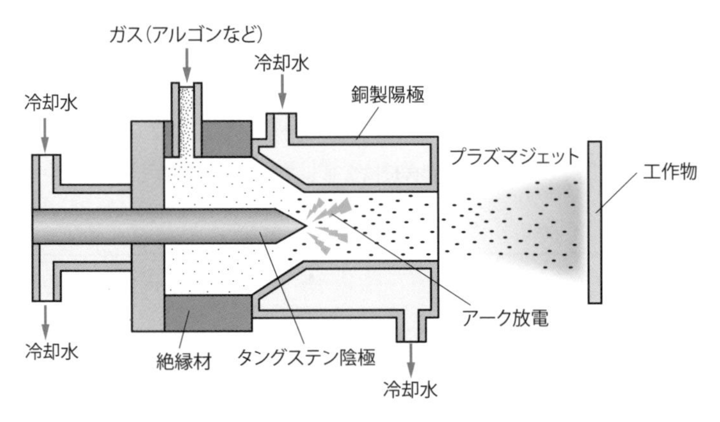

図6-10　プラズマジェット加工の装置構成

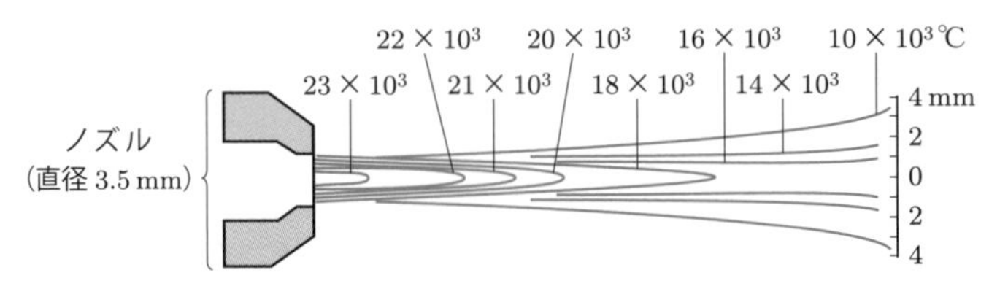

図6-11　プラズマジェットの温度分布

酸化されるため，ノズルの周りに遮へいガスを流して防止する必要がある．

プラズマジェット加工の応用例にはプラズマ溶射（plasma spraying）がある．図6-12に示すように，プラズマ流中に金属やセラミックの粉体を，キャリアガスを利用して粉体フィーダーから送り込んで溶融させ，基板上に膜として堆積させることで，複合材料や多孔質膜の成膜が可能となる．

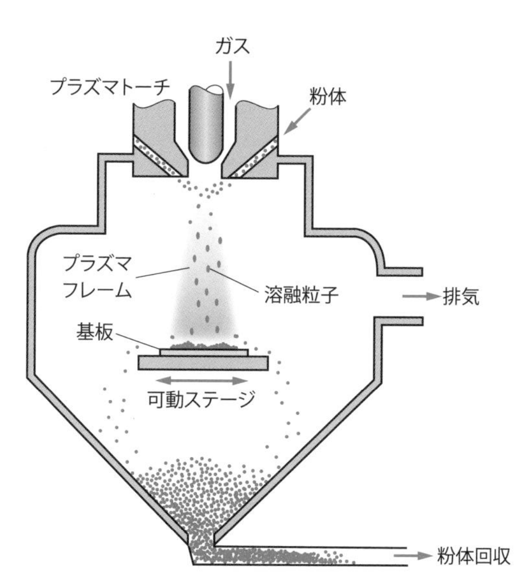

図6-12　プラズマ溶射の装置構成

プラズマジェット加工の特徴

- 非導電材料であっても，プラズマジェットの熱で溶接や溶断が可能．
- 噴出されるプラズマジェットは数万℃に達するため，高融点材料の加工にも使用可能．
- プラズマ溶射は，3次元曲面などの形状への各種被膜処理が可能．また，プラズマトーチはその構造から，水中でも使用可能．

演習問題

6-1　電子ビーム加工は高真空中で行わなくてはならない．その理由を二つ述べよ．

6-2　電解加工は，金属の電気分解を利用した加工法である．陰極と陽極で生じる現象を記せ．

6-3　電解研削における砥石の役割について記せ.

6-4　放電加工において，電極材料には一般に純銅を用いる．純銅は鉄鋼よりはるかに軟らかいにもかかわらず用いられる理由を三つ述べよ.

6-5　電子ビーム加工により行える加工の種類を四つ挙げよ.

6-6　切削加工などの機械的な加工に比べて，レーザ加工の優れている点を六つ挙げよ.

第 7 章

溶　接

溶接（welding）とは，金属材料や部材を接合する加工法の一つである．二つの材料の接合部分を溶融させて接合する場合と，被接合材とほぼ同質の溶けた金属を加えて接合する場合がある．金属材料の接合方法には，溶接，接着，機械的締結などがあるが，溶接はほかの方法に比べ優れた特徴を有するため，今日の接合方法の主流となっている．とくに，鉄鋼材料を中心に，鉄骨構造物，機械構造物，船舶，鉄道車両，自動車などの製造に必要不可欠な加工法である．溶接は，被接合材および添加材の相状態から，図 7-1 に示すように，溶融接合（融接），固相接合（圧接）および液相－固相反応接合（ろう接など）に分類される．

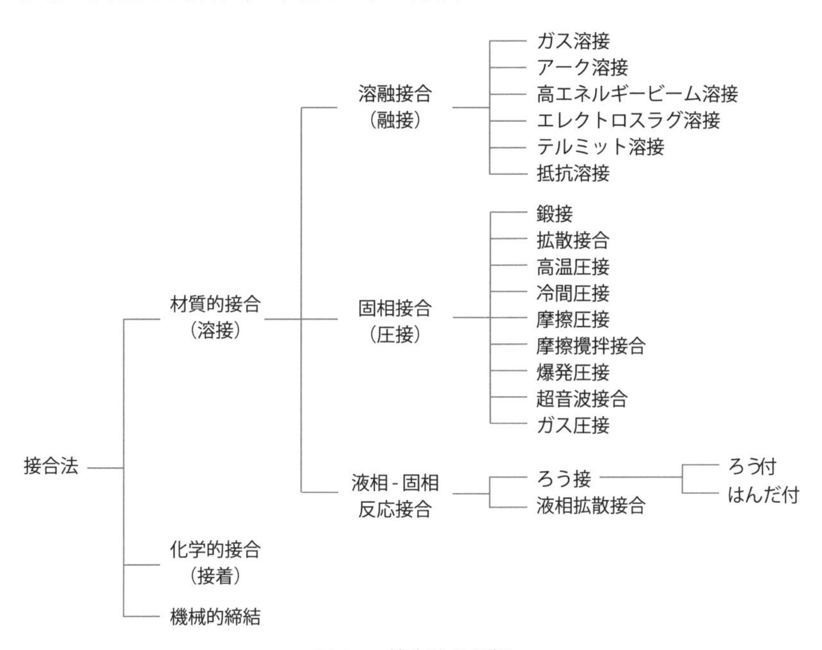

図 7-1　接合法の分類

本章では，溶接の中から代表的なものを取り上げて説明する．なお，接合法は，以下のようにエネルギー源別に分類されることも多い．

- **電気エネルギー**：アーク溶接，抵抗溶接，アークろう接，抵抗ろう接，誘導加熱ろう接，エレクトロスラグ溶接，電子ビーム溶接
- **機械エネルギー**：鍛接，拡散接合，高温圧接，冷間圧接，摩擦圧接，摩擦攪拌（かくはん）接合，爆発圧接，超音波接合，ガス圧接
- **化学反応エネルギー**：ガス溶接，テルミット溶接，ろう付，はんだ付，液相拡散接合
- **光エネルギー**：光ビーム溶接，光ビームろう接，レーザビーム溶接

≫溶接の特徴

- 機械的締結に比べ，継手構造が単純であり，材料および工数の節減が可能.
- 気密性や水密性に優れており，継手効率（母材に対する継手の強さの比）がよい.
- 溶接部の残留応力の低減や，延性，靭性，耐食性などの改善に，溶接後の熱処理が必要.
- 機械的締結とは異なり，接合過程が不可逆的.

7-1 溶融接合

溶融接合（fusion welding，融接または溶融溶接）は，母材（被溶接材）を加熱して，母材のみまたは母材と溶接棒などの溶加材を融合させた溶融状態にして凝固させ接合する方法である．加熱熱源は，アーク溶接や抵抗溶接に代表される電気エネルギーを利用するものが多いが，化学反応エネルギーや光エネルギーを利用するものもある．溶接時の加圧はとくに必要としない．

7-1-1 ガス溶接

ガス溶接（gas fusion welding）は，図7-2に示すように，可燃性ガスと酸素ガスを混合して燃焼させ，そのガス炎によって溶接部を加熱接合する溶接法である．ガスの制御が容易であり，薄板の溶接に適する．ガス溶接には，可燃性ガスボンベ，酸素ボンベ，圧力調整器，ホース，トーチ（torch），溶接棒（溶加棒，welding rod）を使用する．可燃性ガスには，アセチレンや水素，液化石油ガス（Liquefied Petroleum Gas: LPG）が用いられる．トーチは，可燃性ガスボンベおよび酸素ガ

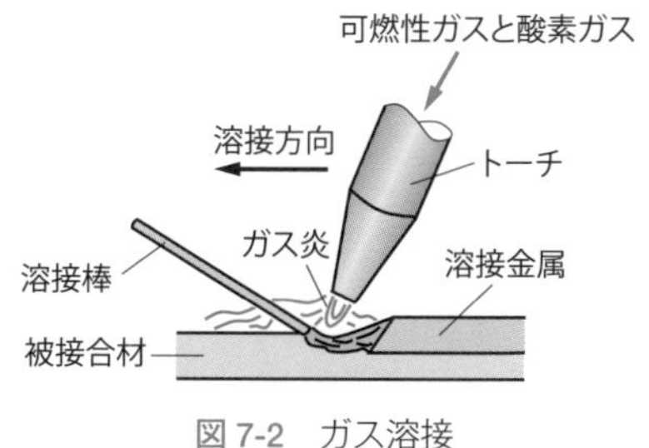

図 7-2 ガス溶接

スボンベから供給される両ガスを混合してガス炎を作る器具である．溶接棒は，溶融して溶接部に付加するために使用され，原則として被接合材と同じ材質のものを用いる．

ガス溶接には，一般に酸素とアセチレンの混合ガスが使用される．ほかの燃料ガスと比較して，着火温度が 305℃と低いため点火しやすく，また，火炎温度が 3000℃超と高い．炎の外観は，図 7-3 に示すように，酸素とアセチレンの混合比によって変化する．酸素の割合が少ない場合，黒い煤を伴う赤黄色の炎となる．これを炭化炎という．炭化炎は，内側から白色錐（白心），アセチレンフェザ（内炎），外炎の 3 層からなる．点火直後は炭化炎となることが多く，火炎の温度は低い．酸素量を増加させると炎は青色を帯び，酸素とアセチレンの容積比を約 1 : 1 にするとアセチレンフェザが消失し，白色錐と外炎の 2 層になる．これを標準炎または中性炎という．ガス溶接は，標準炎における白色錐と外炎の境界部で行われる．さらに酸素を供給すると，炎全体が短くなる．この状態を酸化炎という．酸化炎は火炎の温度が最も高くなるが，強い酸化作用を示す．

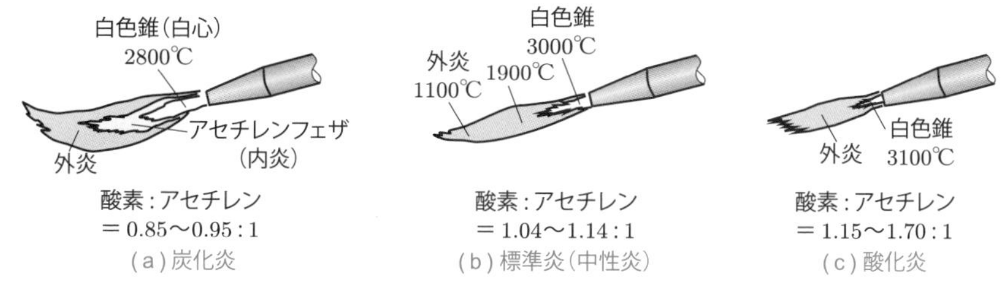

図 7-3 酸素 - アセチレンガス炎 [1]

7-1-2　アーク溶接

アーク溶接（arc welding）は，通電によってアーク放電を発生させ，その熱で被接合材の溶接部を溶融し，溶接棒またはワイヤを加えて接合する溶接法である．ここでアーク放電（arc discharge）とは，溶接棒やワイヤといった電極と被接合材間の電位差により気体分子が電離してプラズマ状態となり，強い光と高い熱（アーク熱）が発生する現象を指す．アーク放電では，連続的な放電が生じて電極間に弧（arc）状の放電路が形成される．これをアークという．

アークは，図7-4に示すように，アーク中心部のアーク心（arc core），その外周のアーク流（arc stream），これらを包む煙状のアーク炎（arc flame）に分けられる．アーク心は最も温度が高く，3000℃に達する．被接合材は，このアーク心を中心にして溶融する．このときに形成される溶融金属のたまり部を溶融池（molten pool）またはプール（pool）という．さらに，溶融池の深さを溶込み（penetration）といい，溶接良否を判断する基準になる．また，溶接操作によって作られた溶接金属の盛り上がり部分をビード（bead）という．

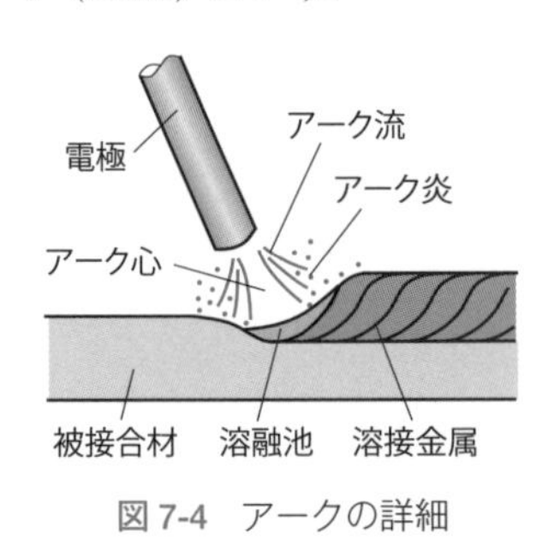

図7-4　アークの詳細

アーク溶接は，アークを発生する電極の特性によって，図7-5に示すように，電極が連続的に溶融および消耗する消耗電極式と，電極がほとんど消耗しない非消耗電極式に分類される．

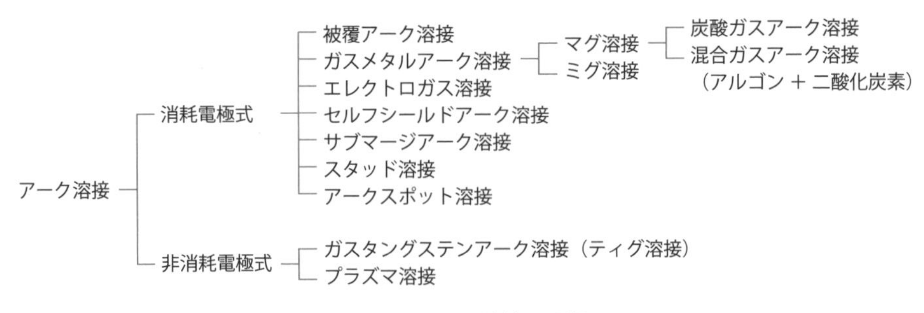

図7-5　アーク溶接の分類

(1) マグ溶接，ミグ溶接

マグ (Metal Active-Gas: MAG) 溶接とミグ (Metal Inert-Gas: MIG) 溶接は，図7-6に示すように，連続供給されるワイヤを電極とし，被接合材との間にアークを発生させ，ワイヤと被接合材を溶融させて接合する溶接法である．溶融したワイヤは，被接合材の溶融部と合体して溶融池を形成する．アークと溶融池は，シールドガスによって大気中の酸素や窒素から保護される．

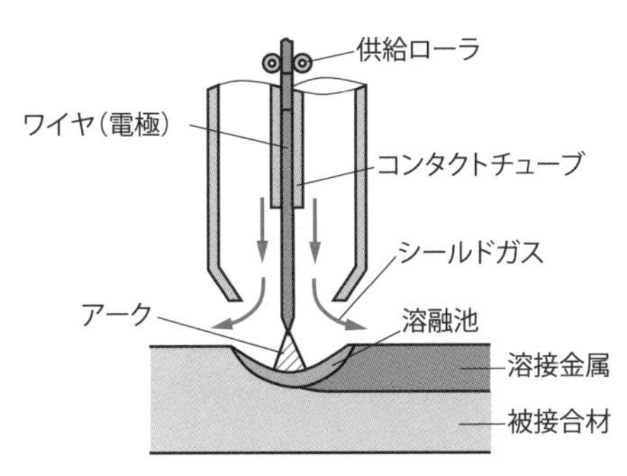

図7-6　マグ溶接，ミグ溶接

マグ溶接とミグ溶接は，使用するシールドガスの種類で区別される．マグ溶接は，炭酸ガスまたは炭酸ガスとアルゴンの混合ガスを用いる．炭酸ガスは安価なだけでなく，アークの偏向を抑制し，溶込みを深くする．一方ミグ溶接は，アルゴンやヘリウムといった不活性ガスのみを用いる．不活性ガスは被接合材と化学反応を起こさないため，アルミニウム合金などの非鉄金属の溶接に適する．

(2) ティグ溶接

ティグ (Tungsten Inert-Gas: TIG) 溶接は，図7-7に示すように，不活性ガス雰囲気中に，タングステンまたはタングステン合金の電極と被接合材の間にアークを発生させ，被接合材と溶加材を溶融させて接合する溶接法である．溶接電源は，直流と交流の両方が用いられるが，直流の場合はタングステン電極側の正負によって溶接の状態が変化する．タングステン電極側が正極の場合，被接合材表面の酸化膜を除去するが，アークの集中性が悪く，広幅で浅い溶込みとなる．負極の場合，被接合材に向かう電子の衝突により，被接合材の溶込みは集中的で深くなる．

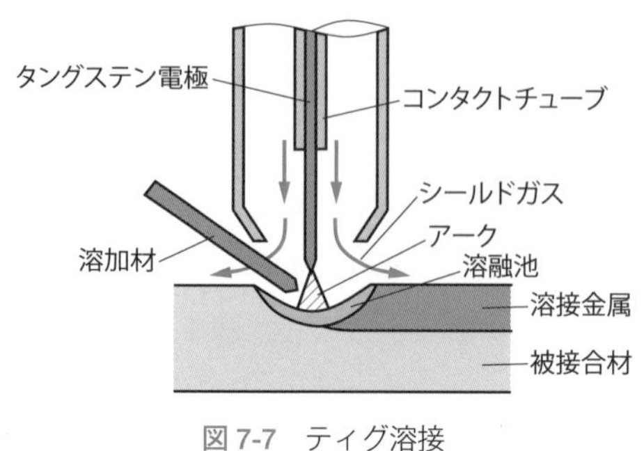

図 7-7　ティグ溶接

7-1-3　抵抗溶接

抵抗溶接（resistance welding）は，被接合材どうしを加圧接触させ，通電によって発生するジュール熱で加熱して接合する溶接法である．溶接は短時間であり，熱による金属組織の変化や熱ひずみを抑制できることが特徴である．生じるジュール熱 Q [J] は，ジュールの法則により次式から求められる．

$$Q=RI^2t$$

ここで，R：抵抗 [Ω]，I：電流 [A]，t：時間 [s] である．R は，被接合材間の接触抵抗および被接合材の体積抵抗によって決まる．

抵抗溶接の主な接合パラメータは，溶接電流，通電時間，加圧力であり，材質や形状，寸法に応じて最適化される．溶接電流が過大であると，溶融金属の飛散（散り）が発生し，溶接欠陥の原因となる．通電時間が長すぎると，熱影響部の範囲が広くなり強度の低下につながる．加圧力が過大であると，接触抵抗が小さくなり十分なジュール熱が得られなくなる．

抵抗溶接は，重ね抵抗溶接と突き合わせ抵抗溶接に大別される．重ね抵抗溶接には，スポット溶接，プロジェクション溶接，シーム溶接などがある．突き合わせ抵抗溶接には，アプセット溶接，フラッシュ溶接，パーカッション溶接，バットシーム溶接（高周波抵抗（誘導）溶接），突き合わせプロジェクション溶接などがある．

(1) スポット溶接

スポット溶接（spot welding）は，図 7-8 に示すように，被接合材を重ねて電極に挟み込み，加圧しながら短時間で大電流を流すことで接合する溶接法である．被接合材界面には，ナゲットとよばれる碁石状の溶融部が形成される．この溶接法

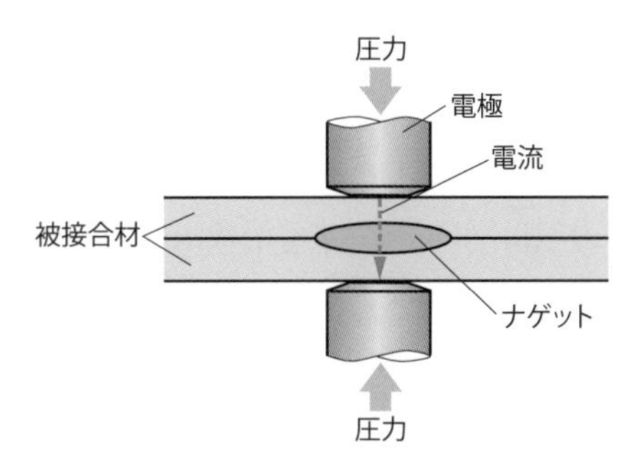

図 7-8　スポット溶接

は，高生産性が要求される自動車溶接（ボディの接合）の主流である．応用例には，被接合材間に接着剤を充填させた状態でスポット溶接を行うウェルドボンド法がある．接着を併用することで，スポット溶接による点接合が面接合となるため，溶接部の応力集中を防ぎ，剛性や強度を高めることができる．

(2) シーム溶接

シーム溶接（seam welding）は，図 7-9 に示すように，上下に配置した円盤状電極に，重ねた被接合材を挟み込み，電極を回転移動させながら加圧し，連続的にスポット溶接を行うことで接合する溶接法である．この溶接法は線接合であり，水，油，気体などに対する耐密性が要求される継手の溶接に用いられる．

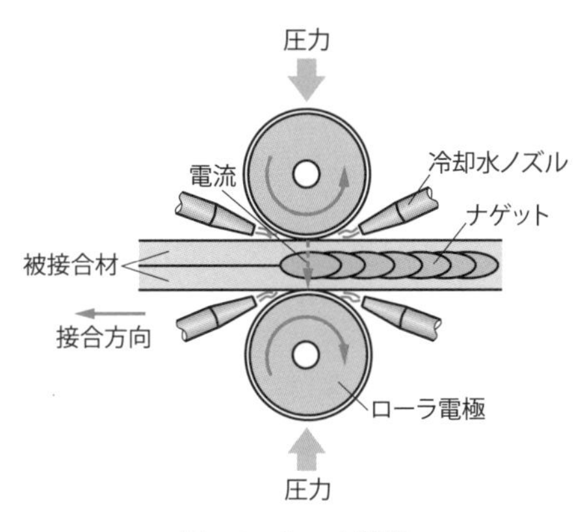

図 7-9　シーム溶接

(3) アプセット溶接

アプセット溶接 (upset welding) は，図 7-10 に示すように，被接合材の端面どうしを強く突き合わせた状態で通電し，接合部近傍を抵抗熱によって加熱し，溶接温度に達したときにさらに加圧して接合する溶接法である．接合部には，据込み (アプセット) とよばれる凸状の膨らみが形成される．接合部の断面積が大きい場合，面内の温度分布を均一化することは難しく，溶接欠陥を発生しやすい．このため，直径 10 mm 以下の断面積が小さい丸棒の溶接に限定される．

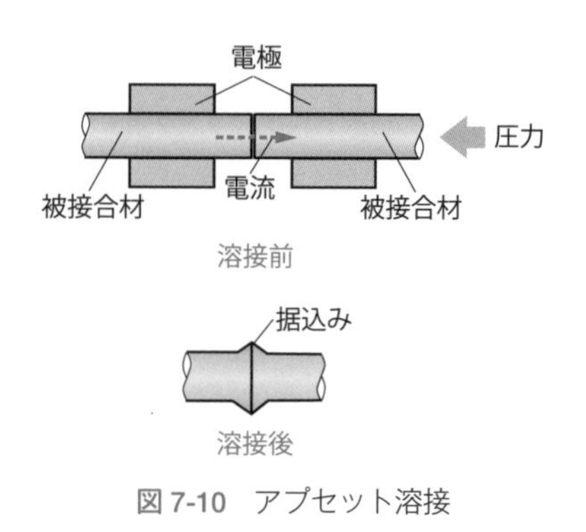

図 7-10　アプセット溶接

7-2 固相接合

固相接合 (solid phase bonding，圧接および固相溶接) は，その名のとおり固相状態で接合する方法である．接合界面における微細な凹凸を押しつぶして接合界面を拡張するために加圧され，塑性流動と原子の拡散を促進するために加熱される．加圧や超音波負荷による接合であり，エネルギー源には機械エネルギーを利用する．

固相接合は，図 7-1 に示したようにさまざまな方法があり，溶融接合が困難な金属や異種金属の接合に適用される．溶融接合とは異なり，固相接合では被接合材は固相状態が維持されるため高精度の接合が実現できるが，拡散接合のような主として原子の拡散を利用する接合法では，長時間の接合時間が必要となる．

さまざまな固相接合法が実用化されているが，いずれも接合部表面の酸化皮膜および汚染層の除去と密着化の過程が主となる．図 7-11 に，金属表面の接触部の模式図を示す．図に示すように，機械加工により仕上げられた金属表面には，酸化皮膜と，水分などの吸着や油脂による汚染層が存在する．このうち，とくに酸化皮膜は除去が困難で，接合の阻害要因となる．また，一般的な機械加工では，精密加工

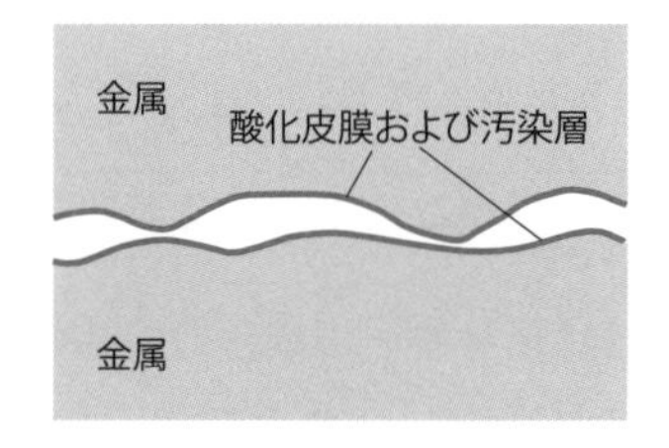

図 7-11　金属表面の接触部の模式図

された表面でも 0.1 μm 台の微視的な凹凸が存在するため，凹凸部が十分に変形しない限り接合界面の密着化が不十分となる．

7-2-1　拡散接合

図 7-12 に，拡散接合（diffusion bonding）における酸化皮膜の挙動と密着化過程を示す．酸化皮膜の挙動は三つの型に大別される．

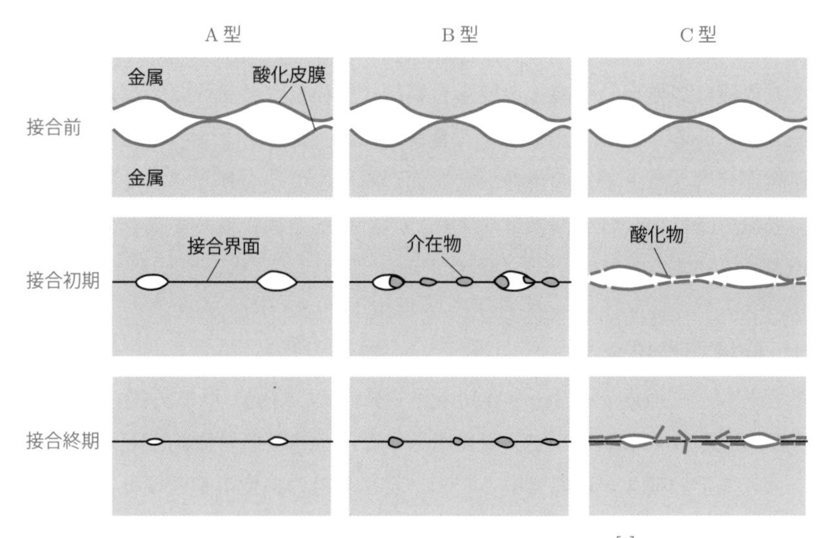

図 7-12　拡散接合部における酸化皮膜の挙動 [2]

- **A 型**：酸化皮膜が分解・消滅するもので，チタンや銀がこれに当たる．チタンの酸化物は標準生成自由エネルギーが低いため安定であるが，チタンは酸素を大量に固溶しうる．そのため，接合界面で表面の密着化が進行すると，酸化皮膜中の酸素は母材中に拡散・固溶され，酸化皮膜が分解する．
- **B 型**：酸化皮膜が完全には消滅せず，介在物として塊状になって残留するもので，鉄鋼や銅がこれに当たる．

- **C型**：アルミニウムのように非常に安定で強固な酸化皮膜が形成される場合で，下地金属の変形に伴い酸化皮膜は破壊されるが残存する．

このような酸化皮膜の挙動は母材中への酸素の固溶度のほかに，合金元素の影響も受ける．たとえば，アルミニウムに合金元素としてマグネシウムを添加すると，接合温度の上昇に伴い，接合界面の酸化皮膜が膜状から粒子状の微細結晶に変化する．これは，マグネシウムが酸化皮膜（Al_2O_3）を還元して，Al_2MgO_4 および MgO の結晶酸化物を形成することによる．これにより，酸化皮膜の挙動はC型がB型になる．

また，旋盤やワイヤブラシなどで機械加工仕上げを施す場合，表面酸化皮膜を巻き込むため，注意が必要である．このような加工では，表面酸化皮膜の下に酸化物を巻き込んだ加工変質層が形成され，接合後も界面に酸化物が残存するため，接合強度が劣化する．

上述のように，拡散接合における酸化皮膜の除去は容易ではない．そこで，金属表面を有機酸にて処理し，酸化皮膜を金属塩に置換して接合する金属塩生成接合法が開発されている．低温で熱分解する金属塩に置換することで，接合時の加熱により金属塩が分解され，下地の清浄な金属面が露出して接合がなされる．拡散接合に比べ，低温短時間の接合で高強度が実現でき，同種金属に限らず異材金属の接合にも応用されている．

7-2-2　摩擦攪拌接合

摩擦攪拌接合（Friction Stir Welding: FSW）は，1991年に英国の溶接研究所（The Welding Institute: TWI）で発明された，金属の塑性流動を利用する方法である．低入熱での接合が可能であるため，被接合材の熱変形や強度低下を小さくできる．融接困難なアルミニウム合金への適用が進められ，鉄道車両や自動車などへの実用がなされてきた．

図7-13に摩擦攪拌接合の模式図を示す．接合ツールを回転させながら被接合部材の突合せ面に挿入すると，摩擦熱の発生により被接合材が軟化し，塑性流動が誘起される．その後，接合面に沿って接合ツールを移動させることで，突合せ面が一体化され，接合がなされる．

この接合法は，アルミニウムや銅などの同種材接合に有効であるが，アルミニ

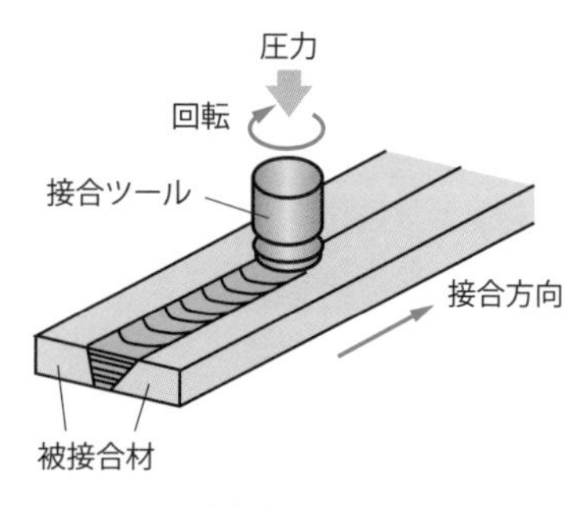

図 7-13 摩擦攪拌接合の模式図

ウム合金を摩擦攪拌することで，鋼との異材接合も可能となっている．輸送機器においては重量低減のためのマルチマテリアル化が進行していることもあり，金属とプラスチックの接合への展開も期待される．また，摩擦攪拌点接合（Friction Stir Spot Welding: FSSW）の開発も進められている．

7-2-3 そのほかの接合法

図 7-1 にて高温圧接，冷間圧接，摩擦圧接，爆発圧接およびガス圧接に分類される圧接では，主に加圧力により材料を十分に塑性変形させて接合が行われる．超音波接合は，金属とプラスチックの接合に大別される．金属の接合では，超音波負荷により酸化皮膜や汚染層が除去されることで清浄面が露出され，接合に至る．金属の超音波接合は半導体チップのワイヤボンディングなどに使用される．プラスチックの場合は熱可塑性樹脂に適用され，超音波負荷により接合面で発熱が生じるとプラスチックが溶融して接合（溶着）に至る．

図 7-1 には分類されていないが，銀や銅などのナノ粒子やマイクロ粒子の焼結を利用した接合法も注目されており，次世代パワー半導体チップのダイアタッチ材やプリンテッドエレクトロニクスにおける配線材への応用が進められている．図 7-14 に，銀ナノ粒子ペーストを用いた炭化ケイ素と銅基板の接合部の 2 次電子像を示す．焼結材特有の小孔が見られる．この接合法は 200～300℃ 程度の温度にて接合が可能で，接合後の接合部の融点は素材である銀や銅の融点（それぞれ 961℃ および 1083℃）を有するため，耐熱性に優れる．

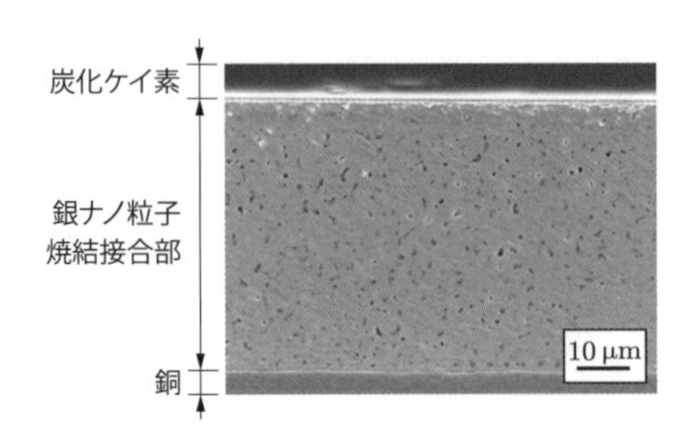

図 7-14　銀ナノ粒子ペーストを用いた焼結接合部

7-3 液相－固相反応接合

液相－固相反応接合（liquid–solid phase reaction bonding）は，ろう接と液相拡散接合法の二つに分類される．ろう接（brazing and soldering）は，母材よりも低い融点をもつ溶加材（ろう材）を溶融させて，毛細管現象により接合部間の間隙に侵入させて接合を行う．ろう材の融点が450℃以上の場合をろう付（brazing），それ未満の場合をはんだ付（soldering）という．エネルギー源には化学反応エネルギーを利用する．液相拡散（Transient Liquid Phase bonding: TLP）接合では，母材よりも低融点のインサート金属が接合部に供給される．液体インサート金属と母材との相互拡散により接合部が高融点成分に変化することで等温凝固し，接合に至る．

ろう接は母材を溶融させないため，母材形状を保ったままでの接合が可能であり，寸法精度がよく，負荷されるひずみも少ない．薄肉，小物および複雑形状物の接合や異種材料の接合も可能である．炉を用いたろう接では複数の部材を一括で接合できるが，被接合材全体が加熱されるため，母材が熱影響を受けてミクロ組織が変化することがあるので注意が必要である．

ろう接メカニズムの説明のために，はんだ付の昇温過程における反応を図 7-15に示す．①フラックスの塗布，②軟化溶融し活性化したフラックスによるはんだおよび母材の酸化皮膜の除去，③溶融はんだの母材へのぬれおよび母材のはんだへの溶解，④はんだと母材の構成元素の相互拡散により，接合部が形成される．はんだ付の場合，接合界面に生成する反応層は金属間化合物となることが多い．過度の加熱により反応層が厚く成長すると，カーケンダルボイドなどの欠陥を生じ，接合品質が低下する．

以上のように，ろう接はろう材と母材間の界面反応（ぬれ，溶解，拡散）で達成

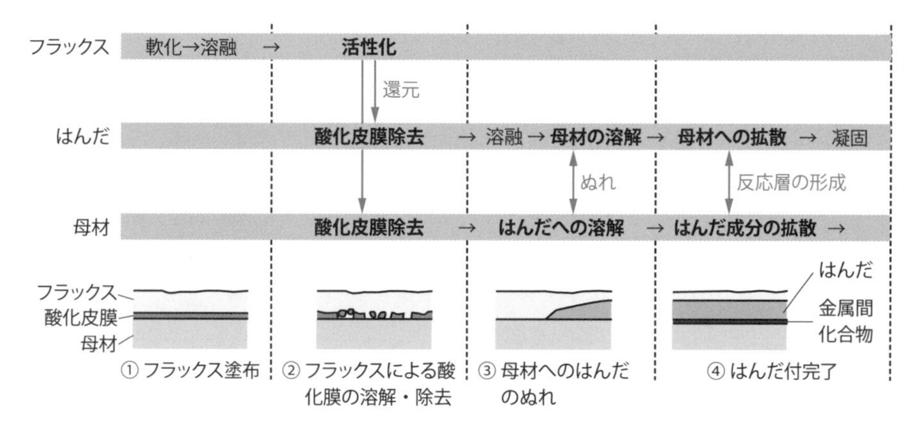

図 7-15 はんだ付の昇温過程における反応[3]

されるため，最初の界面反応であるぬれの確保が必要であり，母材とろう材の酸化皮膜の除去が重要となる．そのため，フラックスや水素などの還元性雰囲気が利用される．

7-3-1 ろう材 (brazing filler metal)

ろう材としてさまざまな合金が開発され，JIS，ISO，AWS（American Welding Society）などで規定されている．その選定は，母材との相性，融点および溶融温度域，強度，耐食性，耐熱性，経済性および形状などを総合的に判断して行われる．表 7-1 に代表的なろう材を示す．

- **銅ろう**：鉄鋼材料，ニッケル合金などのろう付に使用される．ぬれ性はよいが，ろう付温度が高いため，真空や還元雰囲気中でろう付が行われる．黄銅ろう（Cu-Zn）は，鉄鋼材料，銅および銅合金，ニッケル合金などのろう付に使用される．りん銅ろうは銅および銅合金のろう付に使用される．りんが銅酸化物を還元する作用を有するため，純銅のろう付はフラックスを使用しなくても可能である．
- **銀ろう**：鉄鋼材料，銅，ニッケルおよびそれらの合金をはじめ，アルミニウムとマグネシウムを除く広範囲の金属，およびセラミックや黒鉛などの非金属のろう付にも使用される．BAg-8 は銀－銅系の共晶合金であり，亜鉛などの高蒸気圧元素を含有しないため，真空ろう付や雰囲気ろう付に適する．
- **金ろう**：高価ではあるがぬれ性や耐食性に優れるため，航空・宇宙機器などの工業用や宝飾用に使用される．

表 7-1　代表的なろう材

種類	JIS 記号	化学成分（質量%）	固相線温度［℃］	液相線温度［℃］
銅および銅合金ろう	BCu-1	100Cu	1085	1085
	BCu-5	60(58.0~62.0)Cu-Zn	900	905
りん銅ろう	BCuP-2	Cu-7(6.8~7.5)P	710	795
	BCuP-5	Cu-15(14.5~15.5)Ag-5(4.8~5.3)P	645	800
銀ろう	BAg-1	45(44.0~46.0)Ag-15(14.0~16.0)Cu-24(23.0~25.0)Cd-16(14.0~18.0)Zn	605	620
	BAg-7	56(55.0~57.0)Ag-22(21.0~23.0)Cu-17(15.0~19.0)Zn-5(4.5~5.5)Sn	620	655
	BAg-8	72(71.0~73.0)Ag-28(27.0~29.0)Cu	780	780
金ろう	BAu-2	80(79.5~80.5)Au-Cu	890	890
	BAu-4	82(81.5~82.5)Au-Ni	950	950
ニッケルろう	BNi-2	Ni-7(6.0~8.0)Cr-3(2.5~3.5)Fe-3(2.75~3.50)B-4.5(4.0~5.0)Si	970	1000
	BNi-5	Ni-19(18.5~19.5)Cr-10(9.75~10.50)Si	1080	1135
アルミニウムろう	4343	Al-7.5(6.8~8.2)Si	577	615
	4004	Al-9.75(9.0~10.5)Si-1.5(1.0~2.0)Mg	559	591

- **ニッケルろう**：高温強度が高く，耐酸化性や耐食性に優れるため，ステンレス鋼，ニッケル基およびコバルト基合金などの耐熱材料のろう付に使用される．
- **アルミニウムろう**：アルミニウムにケイ素を添加して融点を下げた合金であり，ほとんどがブレージングシートとして利用されている．

表 7-1 以外のろう材として，宝飾用と工業用に使用され金ろうの代替としても利用されるパラジウムろう，チタンやジルコニウムなどの活性金属を添加しセラミックと金属のろう付などに使用される活性金属ろう，チタンおよびチタン合金に使用されるチタン系ろうなどがある．また，ステンレス鋼のろう付用には，安価な鉄を主体とするろう材も開発されている．

7-3-2　はんだ材 (solder material)

錫－鉛系合金は，共晶成分（鉛 38.1 質量%）近傍の組成（鉛 37～40 質量%）が「共晶はんだ」とよばれて広く使用されてきた．しかし，2006 年に EU にて有害化学物質使用規制である RoHS 指令が施行され，電気・電子機器への鉛の使用が規制されると，鉛フリーはんだが普及した．鉛フリーはんだは，表 7-2 に示すように固

表 7-2 代表的な鉛フリーはんだ

合金系		化学成分（質量%）	固相線温度［℃］	液相線温度［℃］
高温系（固相線温度≧217℃かつ液相線温度≧225℃）	Sn-Sb	Sn-5Sb	238	241
	Sn-Cu	Sn-0.7Cu	227	227
	Sn-Cu-Ni	Sn-0.7Cu-0.05Ni	227	227
中高温系（固相線温度≧217℃かつ液相線温度<225℃）	Sn-Ag	Sn-3.5Ag	221	221
	Sn-Ag-Cu	Sn-3Ag-0.5Cu	217	219
	Sn-Ag-Cu-Ni-Ge	Sn-3.5Ag-0.5Cu-0.07Ni-0.01Ge	217	219
	Sn-Ag-Cu	Sn-3.5Ag-0.7Cu	217	217
		Sn-3.8Ag-0.7Cu	217	217
中温系（150℃≦固相線温度＜217℃ かつ 200℃≦液相線温度）	Sn-Bi-Ag-Cu-In	Sn-1.6Bi-1Ag-0.7Cu-0.2In	210	222
	Sn-Bi-Ag-Cu	Sn-2Bi-1Ag-0.7Cu	208	221
	Sn-In-Ag-Bi	Sn-4In-3.5Ag-0.5Bi	207	212
		Sn-8In-3.5Ag-0.5Bi	196	206
中低温系（150℃≦固相線温度 かつ液相線温度＜200℃）	Sn-Zn	Sn-9Zn	198	198
	Sn-Zn-Bi	Sn-8Zn-3Bi	190	196
低温系（固相線温度＜150℃）	Bi-Sn	Bi-42Sn	139	139
	Sn-In	In-48Sn	119	119

相線温度と液相線温度により，高温系から低温系まで五つの系に分類され，JIS では 30 種類が規定されている．

(1) 錫－銀－銅系合金

主たる鉛フリーはんだとしてさまざまな電気・電子機器に使用されている．一般に電子部品のはんだ付としては，ソルダペーストを用いるリフローソルダリング (reflow soldering) と，溶融はんだを用いるフローソルダリング (flow soldering) の二つの方法がある．リフローソルダリングでは，はんだ粉末と，フラックスなどからなるソルダペーストが，印刷法によりプリント配線板の電極上に供給される．その上に電子部品を搭載し，加熱炉中を通すことで，はんだを溶融させて接合が行われる．フローソルダリングでは，まず，プリント配線板に開けられた部品挿入穴に，電子部品のリード部分が挿入される．そして，プリント配線板の裏側よりフラックスを塗布し，溶融はんだと接触させることで，はんだを接合部にぬれさせて接合がなされる．錫－銀－銅系合金は，リフローソルダリング，フローソルダリングおよびやに入りはんだを用いる手はんだ付など，あらゆるはんだ付工法にて適用されている．

(2) 錫－銅系および錫－銅－ニッケル系合金

融点は高いが銀を含まないため安価であり，フローソルダリングに使用されている．また，錫－銀系の高硬度な金属間化合物を生成せず延性に優れるため，半導体チップなどの接合にも使用される．

(3) 錫－ビスマス系合金

低融点であるため，耐熱性が低い部品など，低い温度での接合が要求される場合に使用されてきた．近年，サイズの大きい高性能半導体モジュールにおけるはんだ付工程での基板の反りの抑制対策に，適用検討が進められている．

(4) そのほかの合金

JISでは錫基の合金が規定されているが，そのほかにも金基合金やインジウム基合金がはんだ材として使用されている．金基はんだは，半導体チップを基板に固定するためのダイボンディング材，およびパッケージのシーリング材として使用されるが高価である．インジウム基合金は，錫基合金に比べ，金や銀の溶解速度が小さい．そのため，電極材に金が使用される部品において，金の溶融はんだへの溶解速度を抑制するための金喰われ対策用はんだとして使用される．また，半導体チップを樹脂で封止されたパッケージ部品とせずに直接基板に接合するフリップチップ接合にも使用されているが，希少金属で高価であるため，その用途は限定される．

7-4 溶接における欠陥

溶接作業は，適切な材料を用いて適切な溶接条件のもとで行うことが原則である．これらが不適切であると，溶接欠陥が生じて品質を低下させるだけでなく，場合によっては重大な破壊事故につながる．図7-16に溶接欠陥の種類を示す．以下に，これら溶接欠陥の概要と発生原因，さらにどのような問題が発生するかについて述べる．

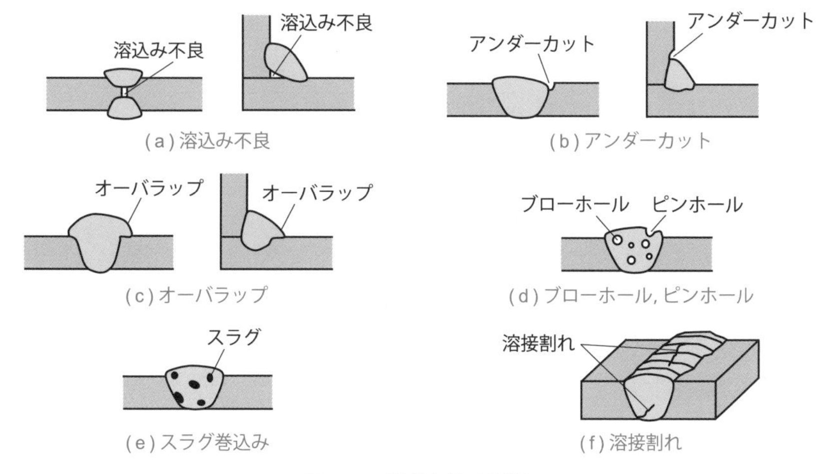

図 7-16　溶接欠陥の種類

(a) 溶込み不良

溶込み不良 (lack of penetration) とは，所定の位置や深さまで溶融金属が溶け込まない状態のことを指す．原因として，溶込み量に影響を及ぼす溶接電流が低い，溶接速度が速い，溶接継手に設けられた溝状のくぼみである開先の角度が狭いことが挙げられる．この欠陥は，止端部での応力集中による疲労強度の低下や衝撃による破壊の要因になる．

(b) アンダーカット

アンダーカット (undercut) は，溶接ビード側面に沿って被接合材が掘られた結果，溝状に形成された欠陥を指す．原因として，溶接電流が高い，溶接速度が速い，溶接トーチの保持角度が不適性であることが挙げられる．アンダーカット底部に応力集中が生じるため，疲労強度の低下につながる．

(c) オーバラップ

オーバラップ (overlap) は，溶着金属と被接合材とのなじみが悪く溶け合わないことにより，アークによって掘られた溝に対して溶融金属が過剰になり，溶接ビード側面にあふれ出た状態を指す．原因として，溶接電流が高い，溶接速度が遅い，溶接トーチの保持角度が不適性であることが挙げられる．この欠陥は，オーバラップ止端部での応力集中による疲労強度低下や応力腐食割れなどの要因となる．

(d) ブローホール，ピンホール

ブローホール (blow hole) は，溶接中に発生したガスや外部から侵入したガスが溶接金属内に閉じ込められることで生じた空洞部である．また，ピンホール (pinhole) は溶接部表面に形成されたくぼみを指す．これらが発生する要因として，主に以下の2点が挙げられる．

- シールドガスがアークや溶融池を覆うことができない状態での溶融金属中への空気の混入．
- 被接合材に付着した水分，および油脂や被覆剤が吸湿した水分から放出されたガスの付着や混入．

ブローホールおよびピンホールには応力集中が生じるため，き裂が発生しやすく，引張強度および疲労強度の低下を招く．

(e) スラグ巻込み

スラグ巻込み (slug inclusion) とは，凝固時に溶融金属中の酸素を除去するために生成された酸化物（スラグ）が被接合材との融合部に巻き込まれ残存した状態を指す．要因としては，溶融金属の流動性やアークの安定性が挙げられる．スラグは不純物であるため，ブローホールやピンホールと同様，引張強度および疲労強度の低下につながる．

(f) 溶接割れ

溶接割れ (weld crack) は，低温割れと高温割れに大別される．低温割れ (cold crack) は，溶接終了後から一定の時間経過してから発生する割れのことを指す．これは，溶融金属に吸収された水素が応力集中部へ拡散および集積することで生じる．低温割れは，溶接部の硬化組織，水素，引張応力の三つの要素が重複したときに発生する．高温割れ (hot crack) は，さらに凝固割れと液化割れに分けられる．凝固割れ (solidification crack) は，凝固末期に残留した膜状の液相が収縮応力を受けることで発生する．液化割れ (liquation crack) は，凝固時，硫黄やりんなどの融点降下元素によって熱影響部の結晶粒界に局所的に液相が残存し，これが開口することで生じる．溶接割れが発生すると，引張強度や疲労強度の低下につながる．

演習問題

7-1　ガス溶接において，一般的に用いられる 2 種の混合ガスの種類を示せ．

7-2　ガス溶接における溶剤の役割と作用について述べよ．

7-3　**問図 7-1** はアーク溶接部の模式図である．①，②に当てはまる名称を答えよ．また図中の溶込みは，溶接の進行の良否を判断する基準となる．アーク溶接の良否に影響を与える要因を溶込み以外に三つ挙げよ．

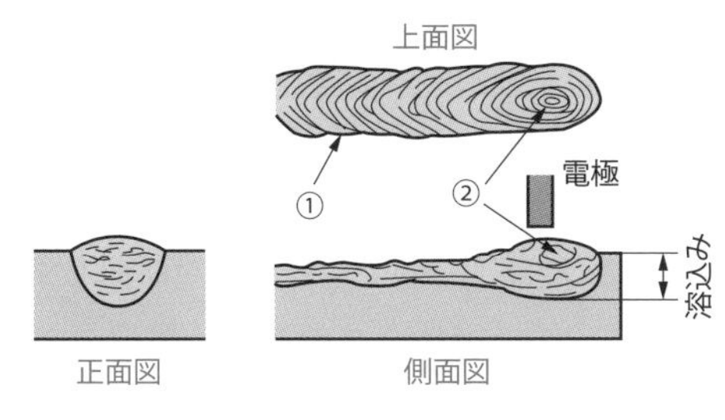

問図 7-1

7-4　マグ溶接とティグ溶接について，溶接棒（溶着金属）の供給方法の観点から，その違いを述べよ．

7-5　抵抗溶接では，溶接部の加熱にジュール熱が用いられる．100 Ω の抵抗に 10 A の電流を 1 分間流したとき，発生する熱量 Q [kJ] はいくらか．

7-6　バットシーム溶接の接合方法と製品例を示せ．

7-7　摩擦圧接を用いて製造される製品例を一つ挙げ，その製作過程を詳しく説明せよ．

7-8　摩擦攪拌接合の接合方法と製品例を示せ．

7-9　溶接部の欠陥の種類を三つ挙げ，その特徴を説明せよ．

第 8 章

塑性加工

塑性加工とは，素材の塑性変形を利用した成形加工法であり，図 8-1 に示すように，素材を形作るための 1 次塑性加工と，部品形状を作り出すために 2 次塑性加工に分けられる．1 次塑性加工は，鋳塊よりも均一な断面をもつ板材や丸棒などを成形し，一定の加工力で連続的に実施されるのが一般的である．たとえば，圧延 (rolling)，引抜き (drawing) および押出し (extrusion) がある．2 次塑性加工は，1 次塑性加工が施された素材からより完成品に近い形状を作る加工であり，成形が主体で，加工力や加工に必要な面圧が工程中に変化するため，高度な制御が必要となる．たとえば，鍛造 (forging)，せん断 (shearing)，曲げ (bending) および深絞

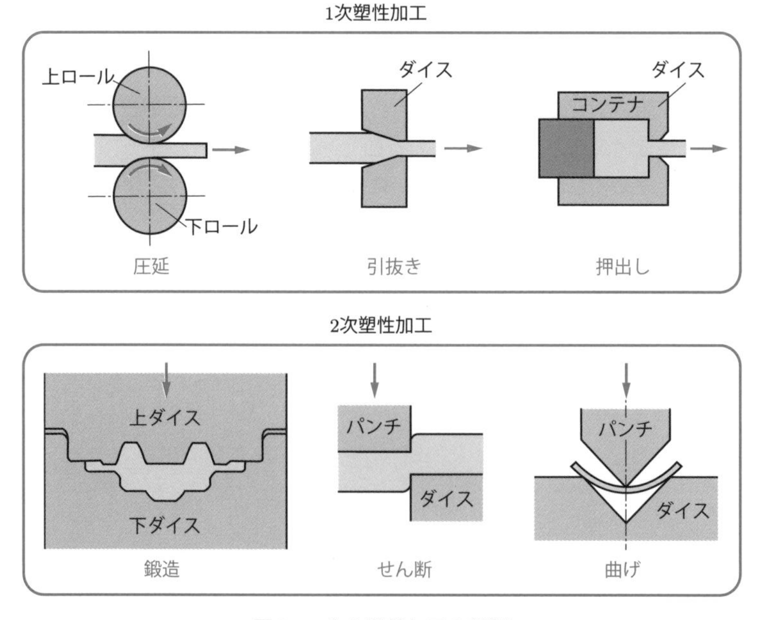

図 8-1　主な塑性加工の種類

り（deep drawing）がある．

≫ 塑性加工の特徴

- 切削加工のような除去加工ではないため，材料の利用効率がよい．
- 一般に加工に要する時間が短く，経済的．
- 塑性加工過程で工作物の機械的特性の改善が可能．
- 加工条件によっては加工の過程で工作物が破断，座屈，しわを生じることがあり，目的の形状を得るためには工程を分けるなどの工夫が必要な場合もある．

8-1 圧延

圧延（rolling）は，回転するロールの間に素材を挟みこんで通過させ，連続的に成形する加工法である．レオナルド・ダ・ヴィンチが手回しのロールで貴金属を延伸したのが始まりとされている．

同じ断面形状をもった素材を連続的に成形できることから，鋳造や鍛造に比べて作業が迅速で安価である．また，目的の断面形状が得られるだけでなく，たとえば大小さまざまな結晶粒からなり，成分の偏析がある鋳造したままの金属組織を均質化し，内部の気泡を圧着する効果がある．

一方で，金属組織が圧延方向に繊維状に流れるため，機械的特性などに異方性が生じることがある．また，熱間圧延においては表面に酸化皮膜が形成されるため，そのまま実用することは難しい．加えて，金属素材の熱膨張・収縮により，寸法や形状が均一になりにくい．

以下に代表的な方式を示す．

- **型材・線材圧延（billet rolling）**：図 8-2 に示す孔型圧延機，または図 8-3 に示すユニバーサル圧延機を使用して数回から数十回圧延し，レールや形鋼などの型材や線材の製品に仕上げる．
- **板材圧延（plate rolling）**：図 8-4 に示す 4 段圧延機などを使用して圧延し，圧延後に切断あるいはコイルに巻き取る．所望の厚さの板材の製作に用いられる．
- **調質圧延（temper rolling / skin rolling）**：一般に，図 8-4 に示す 4 段圧延機を用いて数%程度の圧延を行う．加工硬化が生じるため，軟質材が硬質材に改質される．また，板材に残留応力が付与されることで，疲労強度が向上する．

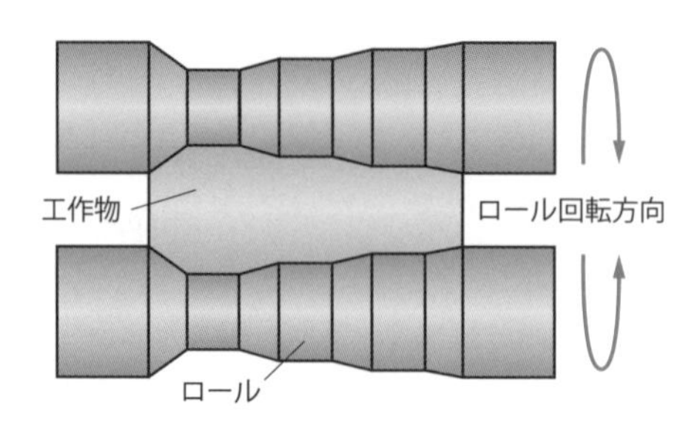

図 8-2　孔型圧延機

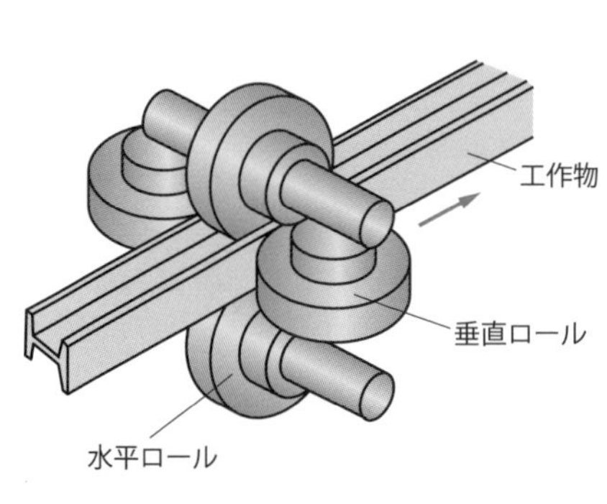

図 8-3　ユニバーサル圧延機

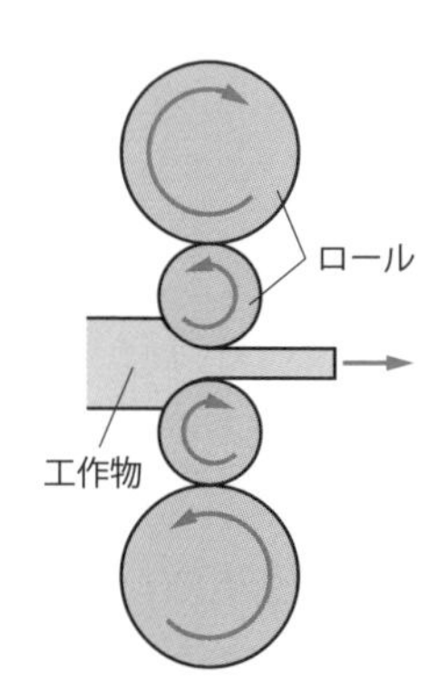

図 8-4　4段圧延機

- **矯正圧延（straightening）**：板材については，図 8-5 に示すローラ矯正機でわずかに引張変形を加えることで整直する．棒材については，図 8-6 に示す同一方向に回転する傾斜ロール整直機に通す．
- **マンネスマンせん孔法（Mannesmann piercing process）**：継目のない管の製作によく用いられる．具体的な方法は以下のとおりである．

① 図 8-7 に示す傾斜した2個の円すい形ロールを同一方向に回転させ，熱間で鋼材を圧延しながら心金を突き出して管状に成形する．
② 外径と肉厚を一様にするため，延伸圧延機に通す．
③ 定径ロール機で直径を矯正して製品に仕上げる．

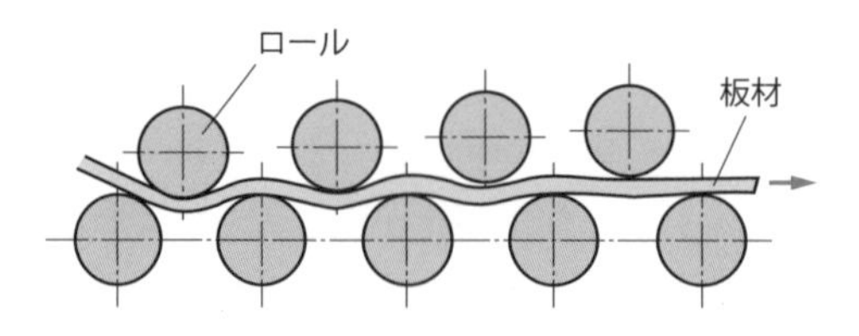

図 8-5　ローラ矯正機

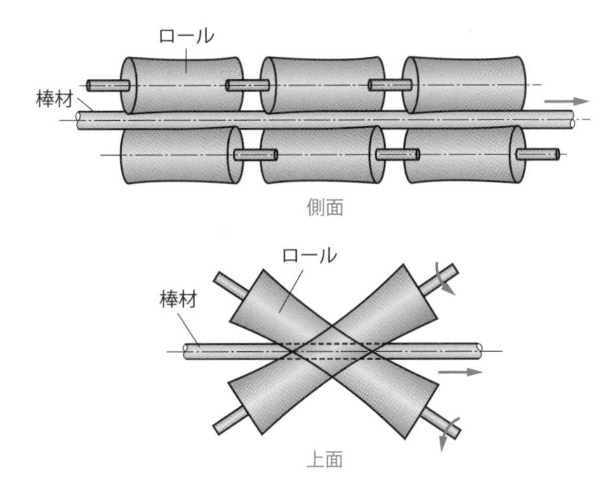

図 8-6　傾斜ロール整直機

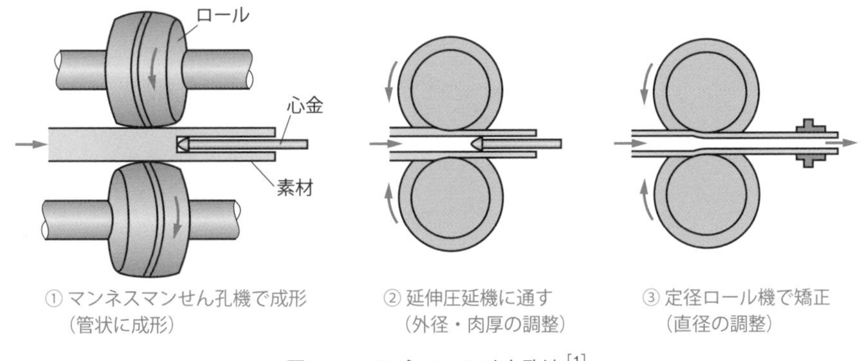

図 8-7　マンネスマンせん孔法[1]

8-2 引抜き

引抜き加工（drawing）は，素材を，勾配を有したダイスとよばれる工具の穴に通して引き抜き，ダイス穴の断面形状に塑性変形させる加工法である．製品例には，タイヤのスチールコード，電子部品のワイヤボンディング，注射針および直線案内軸受のレールなどがある．

長尺の素材を製造することができるため，電線などはこの方法で製造される場合が多い．また，通常，再結晶温度以下で行われるため，断面の形状や寸法精度が正確で，加工硬化により強度が向上するほか，滑らかな表面が得られる．

一方で，後述の押出し加工と異なり，多様な断面形状を有した製品を作ることは難しく，丸棒および円管などが主な対象となる．また，引抜き力が素材の強度よりも大きくなると加工中に破断してしまうため，後述する断面減少率をあまり大きくすることができない．

8-2-1　引抜きの分類

引抜き加工は，図 8-8 (a) に示すように，棒や線の中実材を丸や矩形の断面形状に成形する引抜きのほか，図 (b)～(e) に示す管材引抜きがある．外径のみを整える場合には図 (b) の空引きを用い，内径も整える場合には図 (c)～(d) に示すような心金，浮きプラグあるいはマンドレルを用いて引き抜く．なお浮きプラグは，長尺あるいは細い管の引抜きを施す際，自律的に平衡を保ちながら正しい位置で加工を進めるために用いられる．

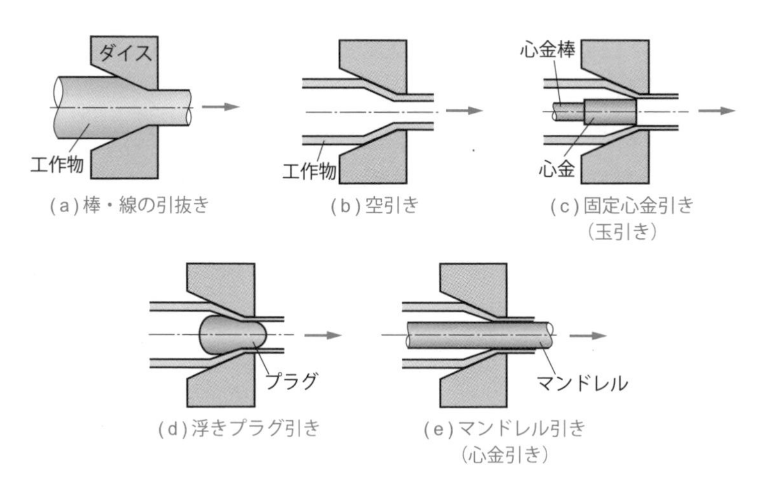

図 8-8　棒・線・管の引抜き方式

8-2-2　引抜きの原理

図 8-9 に，中実材の引抜き加工における素材の変形を模式的に示す．引抜き前の素材断面上には，正方格子を書き加えてある．図中の格子形状変化からわかるように，主として素材中央部は引抜き方向に引張変形する．すなわち，引抜き前に正方形であった格子形状は，引抜き後は長方形となる．一方で，素材外周部は引張変形に加えて，素材とダイスの間の摩擦によりせん断変形する．すなわち，引抜き後は平行四辺形となる．また，ダイス出口からダイス入口に沿って摩擦力が発生するため，素材外周部の引抜き方向変位が素材中央部よりも小さくなる．その結果，引抜

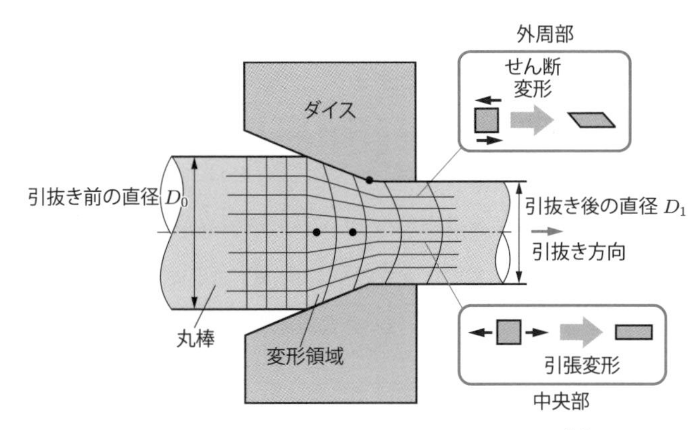

図 8-9　引抜き加工による変形機構と変形領域[2]

き前に垂直であった格子線は，引抜き後に素材中央部が進み，素材外周部が遅れるため，図中に示すように湾曲する．

図 8-10 に，中実材の引抜き加工における素材の結晶粒変形の様子を模式的に示す．引抜き前は等方的あるいは球状の結晶粒が，引抜き後は引抜き方向に伸ばされ，微細な繊維状組織に変化する．これにより，加工前に比べて加工硬化と結晶粒微細化が生じて強度が増す．したがって，引抜き加工の精度向上や製品の機械的特性向上のため，加工前後あるいは加工途中に熱処理を施し，素材の金属組織を調整することがある．

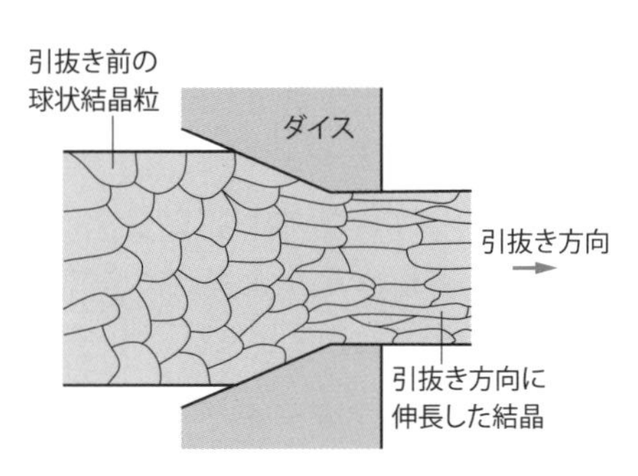

図 8-10　引抜き加工による結晶粒変形の模式図

ここで素材の断面減少率 (Reduction in area) Re［%］は，引抜き前の素材直径を D_0，引抜き後の素材直径を D_1 とすると，次式で与えられる．鋼では 10～35%，非鉄金属材料では 15～20%，鋼管では 15～20%程度が適当であるといわれている．

$$\mathrm{Re} = \left\{1 - \left(\frac{D_1}{D_0}\right)^2\right\} \times 100\,[\%]$$

8-2-3　潤滑剤

潤滑剤（lubricant）は，金属素材とダイスやプラグとの摩擦や摩耗の低減，引抜き速度や断面減少率の増大による生産性の向上，表面の傷を防止することによる品質の向上を図るために必要である．また，素材に合った潤滑剤を選択することが重要である．表8-1に，一般的な引抜き用潤滑剤の適用可能性を示す．

表8-1　引抜き用潤滑剤の適用の可能性

金属素材	乾式潤滑剤	湿式潤滑剤	油性潤滑剤
鉄線	○（太〜中）	○（細）	△
鋼線	○（太〜中）	○（細）	△
ステンレス線	○（太〜中）	△（細）	○（細）
アルミニウム線・アルミニウム合金線	×	△（細）	○
銅・亜鉛・真鍮（しんちゅう）めっき線	△	○	△
みがき棒鋼	×	×	○
アルミニウム管	×	△	○
銅・銅合金管	×	×	○
鋼管	×	○	△
ステンレス管	×	×	○

○：ほとんどの素材に適用可能，△：一部の素材に適用可能，×：適用できない
（太〜中）：母線が直径1 mm以上，（細）：母線が直径1 mm以下

8-3　押出し

押出し加工（extrusion）は，素材（ビレット）をコンテナに入れてラムで強圧することでダイスから押し出し，ダイスの断面形状をもつ形材あるいは管材を製作する加工法である．製品例には，図8-11に示すように，アルミニウムサッシやギヤ素形材，中空管などがある．図8-12に示すように，主として前方押出し（forward extrusion）と後方押出し（backward extrusion）がある．

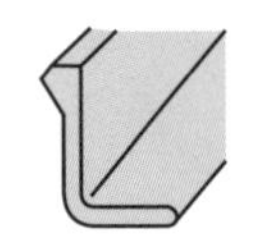

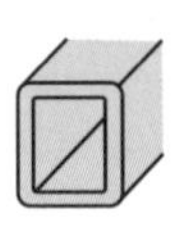
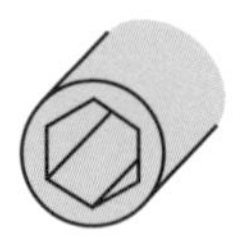

図8-11　押出し加工による製品形状

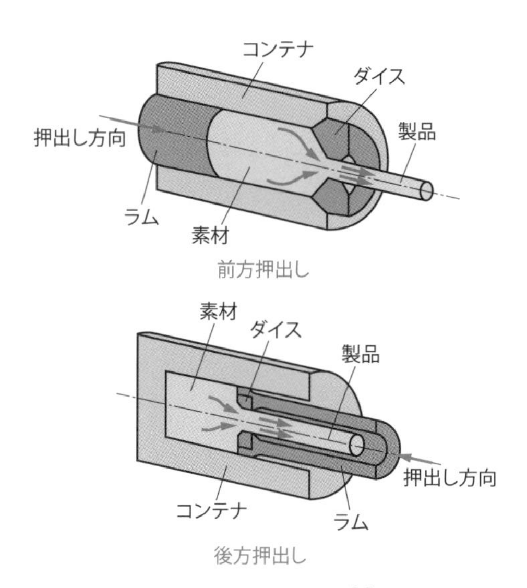

図 8-12　押出し加工[3]

加工中の素材の大部分に大きな圧縮応力が作用するため，1 工程で大きな変形加工が可能で，緻密かつ強度を有する製品が得られる．また，材料損失が少なく，製造コストが低減できる．たとえば図 8-11 のギヤ素形材を輪切りにすれば，平歯車を量産することもできる．一方で，コンテナを必要とするため，長尺の素材を製造できない．また，ステンレス鋼などの合金鋼にも適用できるが，ダイスやコンテナなどに耐熱性に優れた耐熱合金を使用しなくてはならず，潤滑剤にも特別な考慮をしなくてはならない．さらに，素材表面層や，コンテナと素材の間に含まれる空気や異物が製品の表面に流出することで欠陥が生じる．したがって，加工前に素材の外皮除去とコンテナ内壁のクリーニングを行うことが重要である．

前方押出しは，ラムの進行方向と同じ方向に製品が押し出されるので，設備も工程も簡便である．後方押出しは，ラムの進行方向と反対方向に製品が押し出されるため，前方押出しに比べて歩留まりがよく，所要動力も少ないため，硬質材にも用いられる．一方で，押し出される素材がラムの中を通るため，製品の最大外接円がラムの内径によって決まってしまう．

8-4 鍛造

鍛造とは，工具や金型を用いて素材の一部または全体を圧縮・打撃することで，成形や素材の強化を施す加工法である．成形後の切削や研削などにより仕上げ加工を施すことで，部品精度を向上させている．近年は，製造コストおよび除去加工量の低減を目指したニアネットシェイプ型（製品形状に限りなく近い形状）の高精度鍛造方法の開発が進んでいる．

金属素材に圧縮の大きな変形を与えることで結晶粒を微細化し，破壊原因となる鋳巣を密着化・消滅させることで，素材の強度を向上させる効果がある．また，図 8-13 に示すように，素材が圧縮されることで鍛流線（fiber flow）とよばれる繊維状組織が形成された結果，製品が強靭化される．

図 8-13　鍛流線の例 [4]

鍛造は，汎用工具を用いる自由鍛造と，製品形状の型を用いる型鍛造に大別される．型鍛造の場合，製品に近い形状を高速に得ることができるため材料節減が可能である．とくに冷間鍛造は冷却時間が不要のため，より高速で加工できる．一方で，上下の型に素材を挟んで押圧して成形するため，薄い箇所のある製品には不向きである．また，大きな加工力が必要な場合は，その荷重に耐えられる型が高額で，騒音や振動も大きくなる．

8-4-1 自由鍛造 (free forging)

代表的な自由鍛造としては，図 8-14 に示すように，据込み，鍛伸，展伸，ラジアルフォージングおよび穴広げ鍛造がある．平面もしくは簡単な曲面を有する汎用

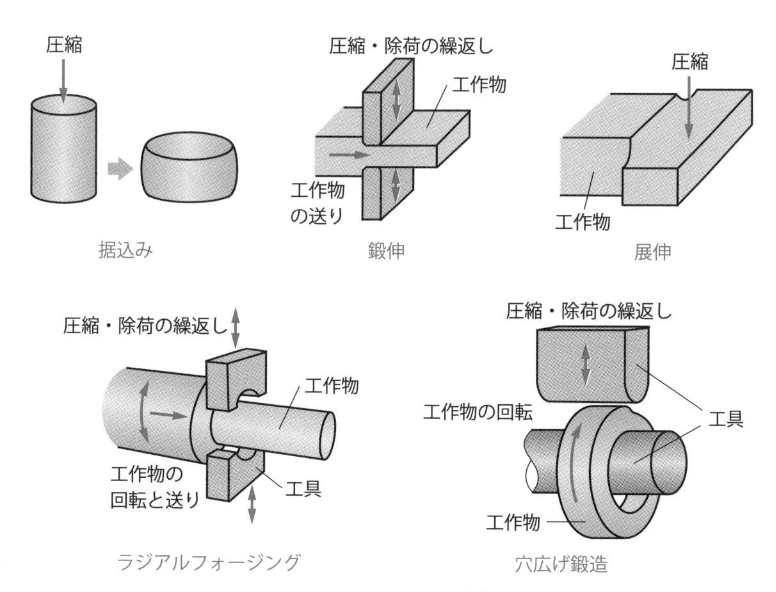

図 8-14　自由鍛造[5]

工具を用いて材料を圧縮するのが一般的だが，必要に応じて曲げやねじりなども施される．自由度が高く，多様な形状の製品加工に適用可能であることから，多品種少量生産に適している．一方で変形が素材の局部に限定された結果，箇所によっては引張応力が過大となり，割れが発生することもあるため，加工前の手順の検討が重要となる．

8-4-2　型鍛造 (die forging)

型鍛造は，製品などの所望の形状を彫り込んだ一対の型を鍛造機に設置し，金属素材を再結晶温度以上に加熱して軟化させ，型に沿うように塑性変形させる加工法である．代表的な型鍛造は図 8-15 に示すように，圧縮により金属素材を型内に閉じ込める密閉型（ばりなし）鍛造，金属素材の余剰体積分をばりとして型外周に排出する半密閉型（ばり出し）鍛造および閉塞鍛造に分類される．閉塞鍛造は，一対の型をあらかじめ合わせてできる型内に金属素材をセットし，それをパンチで押し込みながら金属素材を型となじませる加工法である．

型鍛造は，複雑な形状の製品を加工でき，型を再利用できることから生産性が高く，少品種大量生産に適しているといえる．一方で，加工の最終段階で加工硬化などにより荷重が急激に増加するため，とくに密閉型鍛造の場合は金型の破損を生じ

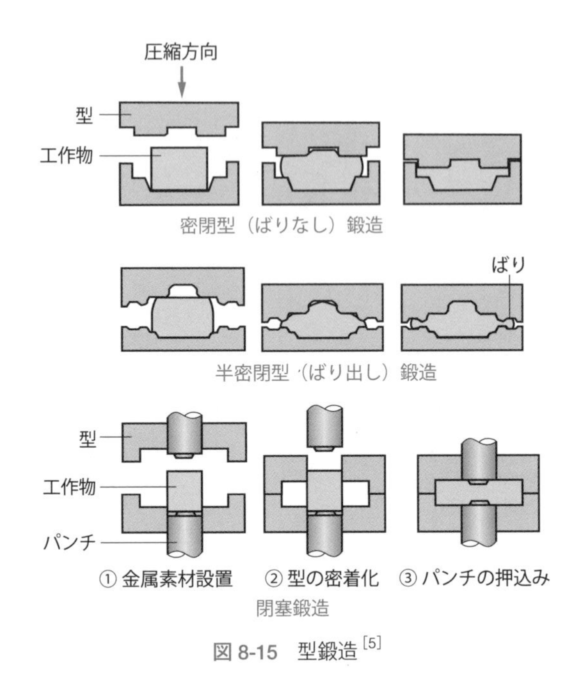

図 8-15　型鍛造[5]

やすい.

8-5 金属素材温度の影響

本節では，塑性加工時の金属素材温度が，加工法や加工後の機械的特性に及ぼす影響について述べる.

8-5-1 熱間塑性加工

熱間塑性加工とは，金属素材を再結晶温度以上，固相線温度未満に加熱して行う塑性加工のことである．加熱することで，金属が軟化し，破壊しにくくなり，加工荷重が低減する．加熱により軟化する要因は，加工硬化した金属を加熱すると，格子欠陥の消滅と転位の再配列が生じ，続いて図 8-16 に示すように，転位密度の低い新しい結晶粒の核が生成して成長するためである．この現象を再結晶 (recrystallization) といい，再結晶が開始される温度を再結晶温度という．表 8-2 に各種金属の再結晶温度をまとめる.

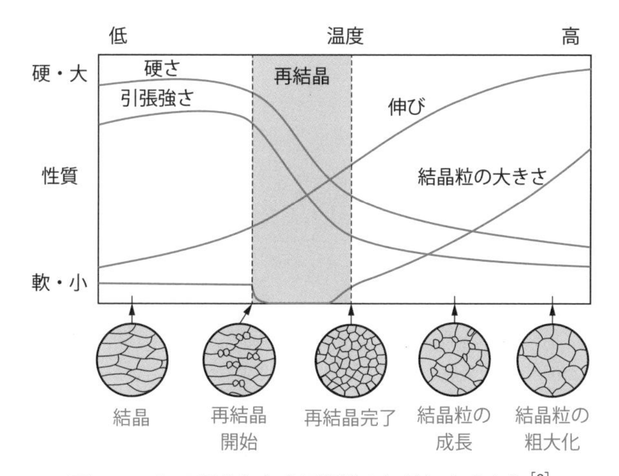

図 8-16　加工硬化した金属組織の加熱による変化[6]

表 8-2　各種金属の再結晶温度

各種金属	再結晶温度 T_R [K]	融点 T_M [K]	T_R/T_M
マグネシウム	～423	924	～0.46
アルミニウム	423～513	933	0.45～0.55
鉄	623～773	1808	0.34～0.43
ニッケル	803～933	1728	0.46～0.54
銅	473～523	1356	0.35～0.39
亜鉛	280～348	692	0.40～0.50
モリブデン	～1173	2883	～0.41
錫	266～298	505	0.53～0.49
白金	～723	2046	～0.35

8-5-2　冷間塑性加工

冷間塑性加工とは，室温あるいは室温付近で行う塑性加工のことである．対象となる金属素材は，変形させやすく，表面に欠陥がなく，寸法精度も高いものが好ましい．これは，素材の加工硬化によって工具に過大な負荷が加わって破損したり，表面欠陥によって工作物が変形中に割れたりするのを防ぐためである．冷間塑性加工により作られた製品は，塑性加工時の加熱・冷却による熱膨張・収縮が少なく，高い寸法精度が得られるほか，表面が酸化されないため，後仕上げが不要な程度に表面性状が良好である場合が多い．一方で，変形抵抗が大きく加工硬化を伴うため，大きな荷重を加えることが可能な装置や，高価な金型を必要とする．

8-6 塑性加工における欠陥

8-6-1 形状不良

製品形状が型どおりにならない要因として，図 8-17 に示すような欠肉，ひけのほか，座屈などがある．表 8-3 に，それぞれの概要と解決策を示す．

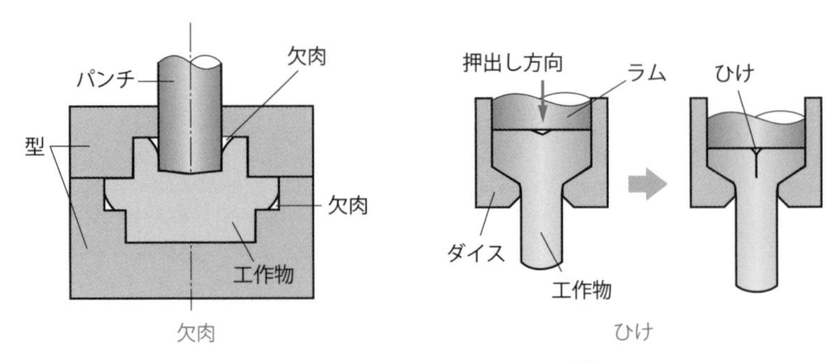

図 8-17　塑性加工における欠陥 [7]

表 8-3　塑性加工における欠陥と解決策

名称	説明	解決策
欠肉 (underfill)	型鍛造において素材が型に完全に充満しない状態.	半密閉型鍛造を行う.
ひけ (sink)	押出しにおいて底厚や押残り部の厚さが小さくなった結果，素材中心や底の角部に生じる空洞.	型の面取りを施すなど，素材の流れを制御する.
座屈 (buckling)	細長比が大きく背の高い素材を長手方向に圧縮する際に生じる変形.	工程を分割する．シミュレーションにより座屈発生の予測を行う.

8-6-2 割れ

塑性加工中の金属素材は，加工硬化の進行により延性を失い，加工の早い段階で割れを生じることがある．たとえば素材と工具の間の摩擦が大きい条件では，図 8-18 に示すように，表面がたる型に変形（バルジ変形）し，中央付近で割れが発生することがある．このような場合は，素材と工具の潤滑を行うとよい．また押出し加工を行った場合，図 8-19 に示すように，素材の塑性流動の仕方により割れを生じることがある．このような場合は，材料面から考える方法（加工途中に熱処理を施すことで素材の延性を回復させるなど）と，工程設計から見直す方法（工程の数を増やし，工作物への 1 回あたりの加工圧力を低減するなど）がある．

図 8-18　据込みにおける表面割れ[8]

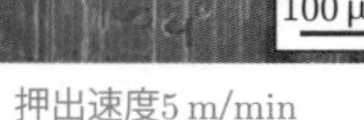

押出速度5 m/min

押出速度15 m/min

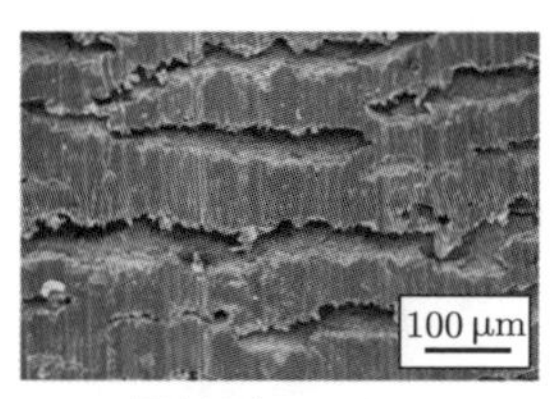

押出速度25 m/min

図 8-19　押出し加工における表面割れ（AZ31 マグネシウム合金，押出し方向は画像上から下）[9]

演習問題

8-1　圧延加工により得られる効果を三つ述べよ．

8-2　調質圧延により得られる効果を説明せよ．

8-3　鍛造における鍛錬効果について説明せよ．

8-4　自由鍛造と型鍛造の利点と欠点を理由とともに述べよ．

8-5　熱間塑性加工と冷間塑性加工の利点と欠点を述べよ．

8-6　塑性加工における欠陥の種類と解決策を述べよ．

第 9 章

プラスチック成形・造形加工

本章では，プラスチックの成形・造形加工について説明する．プラスチック成形加工とは，粒状，粉末状の無定形な高分子材料を溶かし，型に流し込んで固めることで，所定の形状と寸法に成形する加工法である．また，プラスチック造形加工とは，粒状，粉末状，糸状の高分子材料を溶かしたり，接合したりしながら，1層ずつ積層することで，所定の立体的な形状を造形する加工法である．

プラスチック成形・造形加工の特徴

- 金属材料に比べると軽量であり，生産性が高い．
- 材料の種類が豊富で，用途に合った特性（絶縁性・耐蝕性・断熱性など）のものが選択可能．
- 射出成形（大量生産のための成形加工）や，積層造形・3D プリンティング（試作・少量生産のための造型加工）が利用可能．

9-1 プラスチックの概要

一般に，分子量が1万以上の巨大な糸状あるいは網目状の構造をもつ有機物質を高分子材料（high polymer material）という．その中でも，完成製品の加工のある段階で流れによって形を与えうる材料はプラスチック（plastics）とよばれる．プラスチックは，熱可塑性プラスチックと熱硬化性プラスチックに大別される．代表的な材料を表 9-1 に示す．

表 9-1 プラスチックの代表的な材料

熱可塑性プラスチック	汎用プラスチック	ポリエチレン (PE)，ポリプロピレン (PP)，ポリスチレン (PS)，塩化ビニル樹脂 (PVC)，ABS 樹脂 (ABS)，AS 樹脂 (AS もしくは SAN)，メタクリル樹脂 (PMMA)
	汎用エンジニアリングプラスチック	ポリアミド (PA)，ポリカーボネート (PC)，ポリブチレンテレフタレート (PBT)，ポリエチレンテレフタレート (PET)，ポリアセタール (POM)，変性ポリフェニレンエーテル (m-PPE)
	スーパーエンジニアリングプラスチック	ポリエチレンサルファイド (PPS)，ポリエーテルエーテルケトン (PEEK)，フッ素樹脂 (PTFE)，結晶ポリマー (LCP)，ポリアミドイド (PAI)
熱硬化性プラスチック		フェノール樹脂 (PF)，ユリア樹脂 (UF)，メラミン樹脂 (MF)，不飽和ポリエステル樹脂 (UP)，エポキシ樹脂 (EP)，ポリウレタン (PU)，シリコーン樹脂 (SI)，ポリイミド (PI)

9.1.1 熱可塑性プラスチック

熱可塑性プラスチック (thermoplastics) は，加熱すると軟化，溶融し，これを冷却すると固化する．これを再び加熱すると，再度軟化し，溶融する．このように熱可塑性プラスチックは，溶融と固化を可逆的に繰り返すことができる．モノマー (比較的小さな分子からなる化合物) の化学構造や組合せ，ポリマーとよばれる，重合 (モノマーが繰り返し結合すること) によって生成した高分子化合物の構造によって，多くの種類がある．

熱可塑性プラスチックを成形するには，高温での流動性を利用して型に押込み (あるいはダイスから押し出し)，冷却する方法が用いられている．高温で流動し低温で固化するという性質は可逆的で，このため再成形ができるが，逆にこの性質をもつことから，高温下での使用には熱変形に注意する必要がある．ただし，エンジニアリングプラスチックまたはスーパーエンジニアリングプラスチックは，かなりの高温下での使用に耐えるものが開発され，航空機・自動車などの機械・構造部材やコンピュータなどの電子部品に使用されている．

9.1.2 熱硬化性プラスチック

熱硬化性プラスチック (thermosetting plastics) は，比較的低分子の物質が加熱により流動し，分子間に化学反応が起こって高分子化合物になり，次第に 3 次元的な網目構造をとる．これを冷却して一度硬化した後は，加熱しても再び流動することはない．

熱硬化性プラスチックは，分子鎖が短く，室温でもまだ流動状態にある高分子の分子鎖にほかの分子と結合することができる反応基をもたせてある．これを架橋材とともに，まだ未反応で流動性のあるうちに型に流し込み，型内で反応固化させる方法により成形される．反応を促進するのに加熱することが多く，また反応時の発熱もある．この樹脂は，前述したようにいったん硬化すれば再び流動性をもたせることはできないので，再度の成形はできないが，逆に高温下でも溶融することなく形状を維持できる．また，架橋反応前の粘度は低くできるので，常温下で容易に型に注ぎ込むことができ，熱可塑性プラスチックのように大がかりな装置は不要である．また，繊維，布，粉末などを補強材として樹脂に入れて硬化することができるので，強化プラスチックの主材としても多く用いられている．

9-2 成形方法の分類と工程

プラスチックの代表的な成形方法を，その種類別に挙げると，以下のようになる．

- **熱可塑性プラスチック**：射出成形，押出成形，ブロー成形，真空成形，粉末成形，圧縮成形，圧空成形，カレンダ成形，注型成形
- **熱硬化性プラスチック**：圧縮成形，トランスファ成形，射出成形，積層成形，FRP（Fiber Reinforced Plastics）成形，注型成形

成形方法は，プラスチックの種類以外に，成形メカニズム，型の形，さらには，工程の流れ（フロー）によって分類される．たとえば，成形フローが同様となることで，熱可塑性プラスチックと熱硬化性プラスチックで重複する成形方法（射出成形など）も一部ある．

熱可塑性プラスチックの成形フローを図9-1に示す．成形材料を加熱して溶融・軟化した後，所望の形状の型で成形し，冷却固化することで成形品となる．

熱硬化性プラスチックの成形フローを図9-2に示す．熱可塑性プラスチックと異なり，材料によって成形方法が異なるが，最終的には加熱硬化することで，成形品が得られる．成形材料の状態から次の三つの成形フローに分類される．

① 成形材料を金型内で高温加熱して硬化させる．

② プレポリマーまたは化合物を強化材と混合（プレミックス）した材料や，含浸

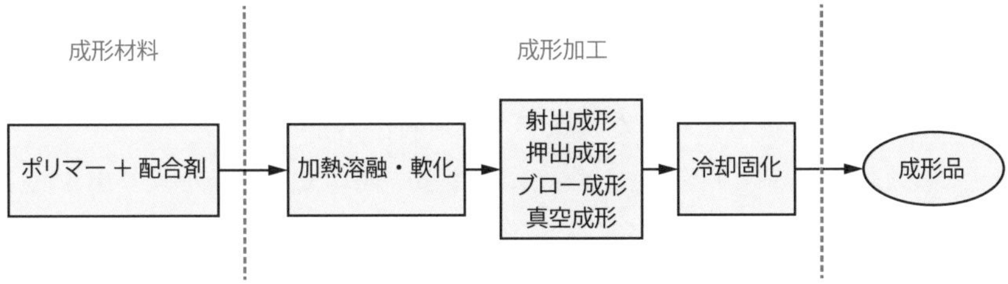

図 9-1　熱可塑性プラスチックの成形フロー

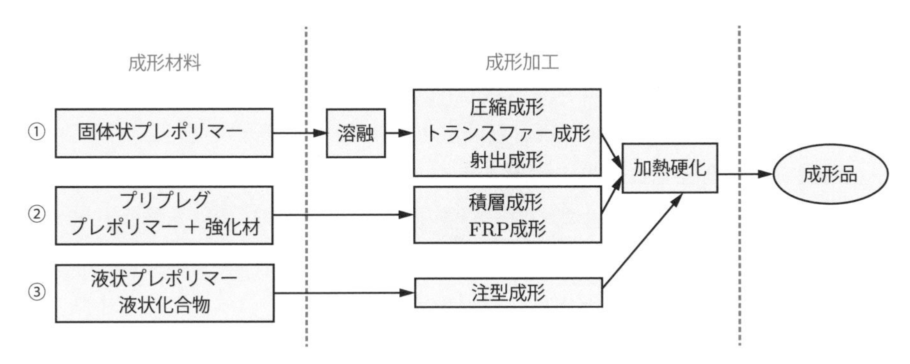

図 9-2　熱硬化性プラスチックの成形フロー

させたシート（プリプレグ）を用いて積層し，加熱成形して硬化させる．

③ 液状のプレポリマーまたは化合物を型に流し込み，硬化する．

9-3　射出成形

射出成形（injection molding）は，押出成形とともに，熱可塑性プラスチックの代表的な加工方法であるが，熱硬化性プラスチックなども含め多くの種類のプラスチックに適用できる．また，成形が速いため生産性が高い，複雑な形状の成形品も容易に成形できるといった利点があり，電化製品，自動車部品，精密機械部品，電子部品など広範囲に用いられている．ただし，成形機が高価，多品種少量生産においては型の取付け調節やシリンダ内の掃除が煩雑，断面が厚い成形品では収縮の痕や凹みができやすいなどの欠点がある．

9-3-1　射出成形の原理

射出成形では，図 9-3 に示すように，シリンダ中で加熱流動化させた樹脂を高圧で金型内に射出し，圧力をかけた状態で，冷却固化（熱可塑性プラスチック）または硬化（熱硬化性プラスチック）した後に，金型を開いて成形品を取り出す．より詳細には，以下の手順となる．

① **樹脂を加熱可塑化（溶融）する：**材料供給装置（ホッパー）に投入された原材料の樹脂ペレットは，シリンダ内のスクリューの回転により前方に送られ，シリンダ内のヒーターで可塑化（溶融）する．

② **溶融樹脂を貯留する：**溶融した樹脂にかかる圧力でスクリューが後退しながら，溶融樹脂がスクリューの前方に定められた量だけ貯められる．

③ **溶融樹脂を高圧で金型内に射出する：**一定量貯められた溶融樹脂を再度スクリューを前進させて，金型のゲートを通して，所望の形状に形作られているキャビティ内に高速・高圧で射出・充填する．

④ **溶融樹脂を固化または硬化し，取り出す：**キャビティ内で加圧しながら，冷却固化または硬化してから金型を開き，エジェクタピンで成形品を突き出して取り出す．

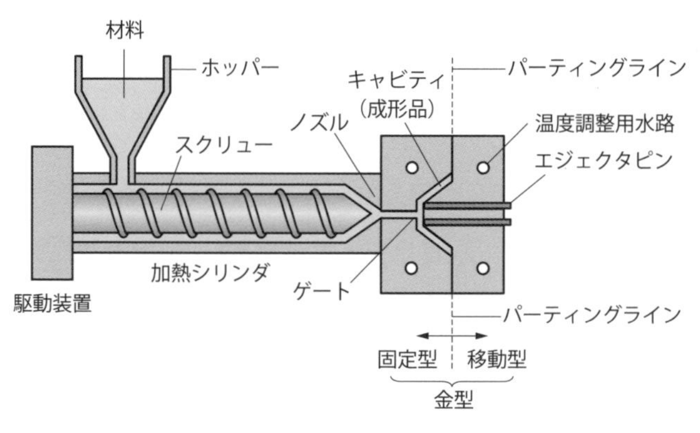

図 9-3　射出成形機の構成

射出成形機の性能としては，装置の射出能力（射出圧力，最大射出量，射出率）や，金型の型締力（何トンまでの力がかけられるか）と型締方式（直圧式・トグル式）などがある．

9.3.2　射出成形用の金型

射出成形用の金型（mold）は，大きく2枚構成金型，3枚構成金型，特殊な構造の金型に分けられる．最も一般的な2枚構成金型は，図9-4に示すように，固定型と移動型の2枚に分かれる．射出成形機のノズルから射出された材料は，金型のスプルー（sprue），ランナー（runner），ゲート（gate）を通ってキャビティ（cavity）に入り充填される．一つの金型の中に複数のキャビティを設けて同じ成形品を同時に射出成形する場合には，各キャビティに溶融樹脂が同時に流入しないと成形品の品質がばらつくため，ランナーの設計には工夫が必要である．成形品の品質不良には，ウェルドライン（weld line）とよばれる，金型内で溶融樹脂の合流部分が線状の痕として発生する成形不良などがあり，設計段階でさまざまな対策がとられる．

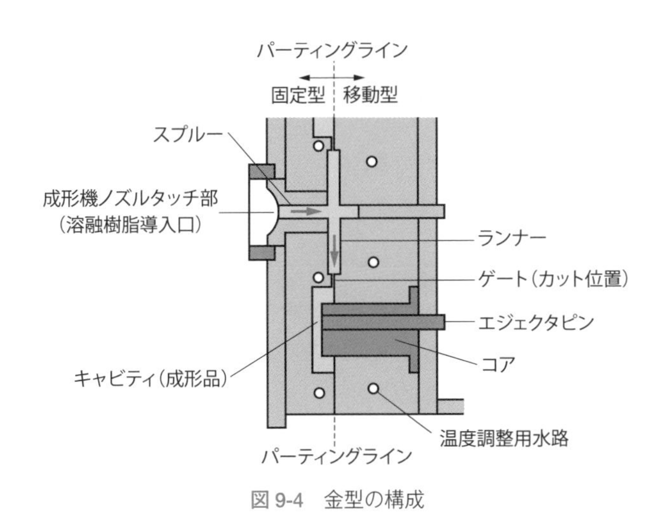

図9-4　金型の構成

また，ランナーとキャビティの間にあるゲートも，成形品の品質に大きく影響する．図9-5に示すように，ゲートには多くの種類があり，成形品の形状や，金型構造の複雑度合い，多数成形品の整列や，ゲートの切断のしやすさ，圧力損失や残留応力などを考慮して選択される．

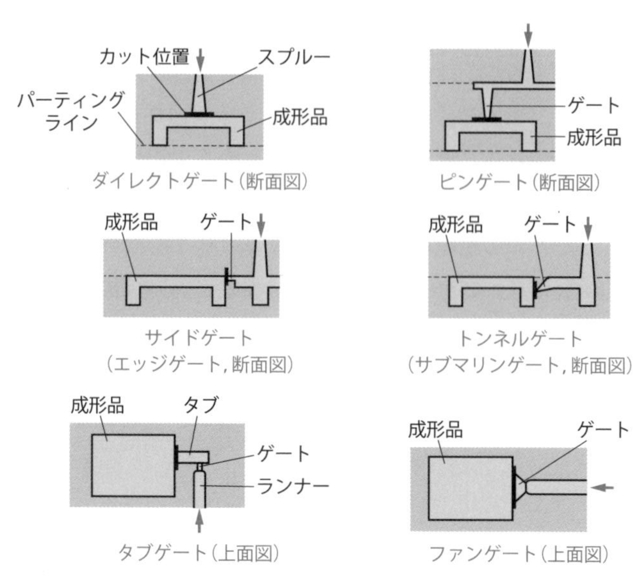

図 9-5　さまざまなゲートの形状

9-4 押出成形

押出成形 (extrusion molding) とは，フィルム，シート，パイプなどの長尺成形品の素材を連続成形する方法である．射出成形が成形品を1サイクルごとに成形するのに対して，押出成形は連続成形する．

一般的な押出成形機（単軸スクリュー押出機）の構成を図 9-6 に示す．ホッパーから投入した樹脂は，加熱したシリンダ内で溶融され，スクリューで混練されながら押出口の金型であるダイス (die) から押し出され，そのまま空気中や水中で冷却

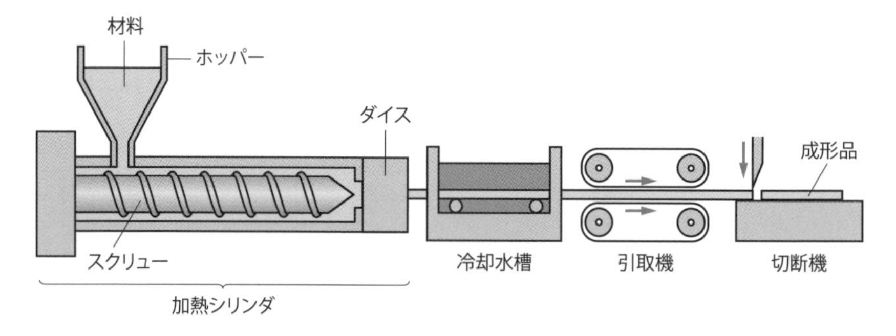

図 9-6　押出成形機の構成

して固化される．このとき，押出口のダイス形状に従って，成形品が連続的に成形される．

設備としては，押出機（加熱シリンダ），ダイス，冷却水槽，引取機，切断機からなる．押出機については，ヒーターで加熱可塑化を進めながらスクリューにより押し出す方法が一般的であり，加熱温度は摩擦熱を考慮して調整される．スクリューを用いる点は射出成形と同じであるが，押出成形ではスクリューは前後に移動せず，そのまま押し出されて押出口であるダイスの形状で形が決められる点が異なる．金型構造（ダイス）が単純で成形機が安価，ダイス内部での固化過程で圧力を印加できるため肉厚品にも適するなどの利点がある．一方で，成形品形状に制限があり，また少量生産には不向きである．

押出成形機は，成形品の種類によって構成が異なる．以下に，代表的な成形品と，それに対応した押出成形機の構成を示す．

- **パイプ，チューブ，異形品：**円形スリットを有するダイスから，溶融樹脂をパイプ状に押し出し，クーリングスリーブやクーリングマンドレルを用いてサイジング（外径や内径の規制）し，冷却固化して成形する．
- **シート：**ダイスから押し出された溶融樹脂をロールで冷却しながら成形する．シートの中でも薄膜となるフィルムでは，押出機とダイスとの位置関係がT字形であるTダイ法や，リング状のダイスから押し出された溶融樹脂の内部に空気を吹き込み膨張させるインフレーション法などもある．
- **フィラメント（モノフィラメント，ワイヤ被覆）：**クロスヘッドダイから押し出された溶融樹脂を冷却水槽で冷却し，これを延伸槽で適当な温度と倍率で延伸し，ひずみ除去のためにアニーリング槽を通して巻き取る．クロスヘッドダイにより，押出機の中心軸に対して一定の角度がつくので，ダイス内部に空気，冷却水，被覆対象のワイヤなどが通しやすい．
- **発泡体：**シリンダ内の溶融樹脂に加圧状態で揮発性発泡剤を注入し混合した後，ダイスから押し出して発泡体を形成（溶融発砲）する．

また，ダイスから押し出された溶融樹脂は冷却固化によって収縮するが，均一に収縮しないことがあるため，成形品と相似形状のダイスとすると，変形などを生じて設計どおりの形状が得られない場合がある．そこでダイスの設計時に，実際に押出実験をしながら微調整してダイスの形状を決定する場合がある．また，厚肉成形品の内部に発生するボイド（空隙）は溶融樹脂を余分に充填することで抑制できるが,過度に充填すると樹脂が圧縮され内部ひずみが発生するため注意が必要である.設計どおりの成形品を得るためには,樹脂の溶融温度や冷却速度,押出圧力や引取速度を最適に設定しなければならない.

9-5 ブロー成形

ブロー成形(blow molding)は,吹込成形,中空成形ともいわれ,空気の吹き込みにより内部を中空とする方法である.ボトル形状の代表的な量産成形方法であり,金型構造が単純で成形機が比較的安価,薄肉の成形が可能であるため成形品の軽量化が可能という利点がある.大別すると,押出ブロー成形,射出ブロー成形,延伸ブロー成形に分けられる.

9-5-1　押出ブロー成形

押出ブロー成形(extrusion blow molding)は,最も一般的なブロー成形である.図9-7に示すように,加熱溶融してダイスから押し出したチューブ形状樹脂のパリソン(parison)に冷却しないうちに直接空気を吹き込み,風船のように膨張させる方法であり,ダイレクトブロー成形ともいわれる.溶融状態のパリソンを金型で挟んで内部に空気を吹き込み,金型の内壁に押しつけて冷却固化後,金型を開いて成形品を取り出す.図では,空気を上から吹き込んでいるが,横や下から吹き込む方法もある.歴史的に古くからある成形法であり,現在でも食品容器などの成形に広く用いられている.パリソンを多層チューブにすることで,ガスバリア性を付与した多層ボトルなども成形できる.

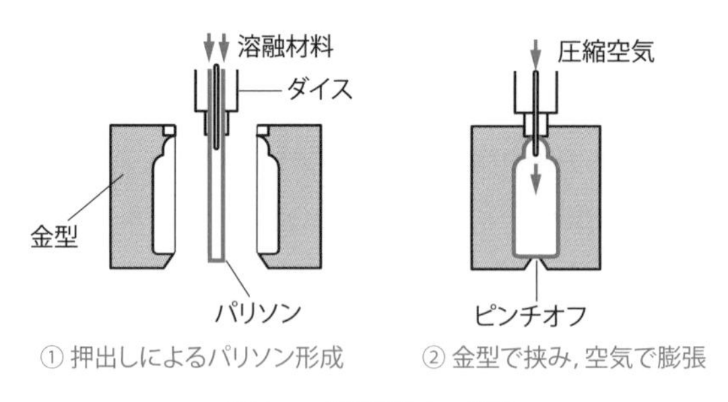

図9-7　押出ブロー成形

9-5-2　射出ブロー成形

射出ブロー成形（injection blow molding）は，射出成形で有底パリソンを成形した後，射出成形金型から取り出し，有底パリソンが冷却固化しないうちにブロー用金型に移して空気を吹き込むことでボトル形状に成形する方法である．高価な金型が必要になるが，ボトルのねじ部分を射出成形で作ることができるため，押出ブロー成形に比べ，寸法精度や強度の高いボトルの量産性に優れた成形法である．

9-5-3　延伸ブロー成形

延伸ブロー成形（stretch blow molding）は，射出ブロー成形と同様に射出成形された有底パリソンを．吹き込み口である延伸ロッドで軸方向に突き出して延伸する方法である．その後，パリソンはブロー工程で空気を吹き込むことで径方向にも延伸されることで，2軸延伸されるため，ボトルなどの成形品の強度を向上できる．

9-6　そのほかの加工法

9-6-1　熱成形

熱成形（thermoforming）は，シート状の樹脂を加熱軟化させ，外力を加えることで所定の形に成形する2次的な加工方法である．熱成形には，真空成形，絞り成形，曲げ成形，圧空成形，マッチモールド成形などがある．ここでは，熱成形の中でもよく用いられる，熱可塑性プラスチックの真空成形について述べる．

真空成形（vacuum forming）は，図9-8に示すように，シートと金型の間の空気を真空引きして，シートを金型に密着させる方法であり，射出成形などと比べると成形機が単純である．シートは，樹脂が成形品の形状に相当する伸びになる温度に設定される．シートの強さ・弾性率が不足するとシートは自重で垂れ下がり，成形ができない．そのため，結晶性プラスチックは一般に使用が難しく，高温での弾性

図9-8　真空成形

率に優れる非結晶プラスチックのほうがよく用いられる．金型が安価であり，多品種小ロット生産に適するが，片面形成であり，複雑形状には不向きで，成形品の肉厚が不均一になりやすい欠点がある．

9-6-2　粉末成形

粉末成形 (powder molding) は，金型に粉末状の樹脂を入れて加熱溶融し，金型面に密着させ，未溶融の粉末材料は除去して再加熱して冷却固化した後に成形品を取り出す方法である．金型を回転させて行う回転成形 (rotational molding) や，金属表面を樹脂でコーティングする粉末塗装 (powder coating) などがある．

図 9-9 に，回転成形の工程を示す．回転成形では，金型を回転させながら型壁面で粉末を溶融させ，冷却固化後に成形品を取り出す．粉末形成は，成形時間が比較的長いものの，単純形状であれば内面が平滑で肉厚分布を均一にできる点が特徴であり，金型構造が単純であるため型が安価で，多品種少量生産に適している．

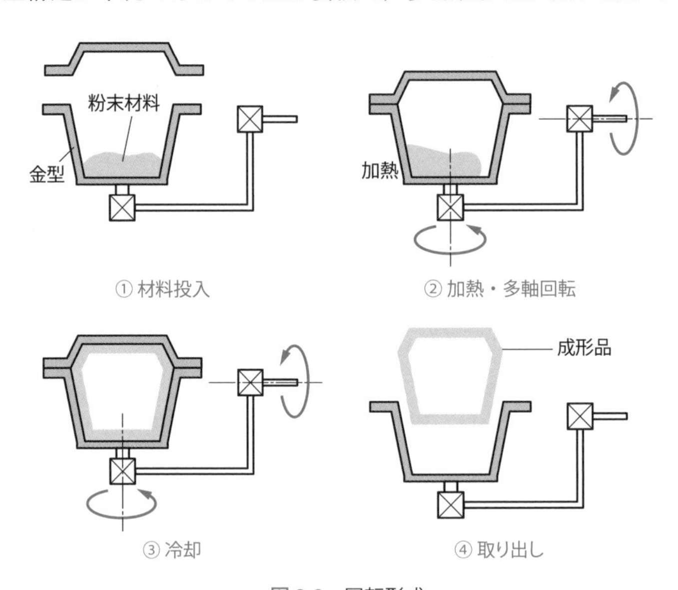

図 9-9　回転形成

9-6-3 圧縮成形

圧縮成形 (compression molding) は，熱硬化性プラスチックの代表的な成形法で，操作が簡単なため古くから用いられている．現在は熱硬化性プラスチックについても射出成形が用いられるようになっているため，以前に比べて使用頻度は低くなっている．

図 9-10 に示すように，秤量した粉末材料（樹脂，充填材，強化材，硬化剤などを目的に合わせて配合したもの）を加熱した金型に注入し，加圧加熱により重合硬化させる．硬化時間経過後に，金型を開いて成形品を取り出す．重合による体積収縮を吸収すれば，寸法精度の優れた成形品となる．

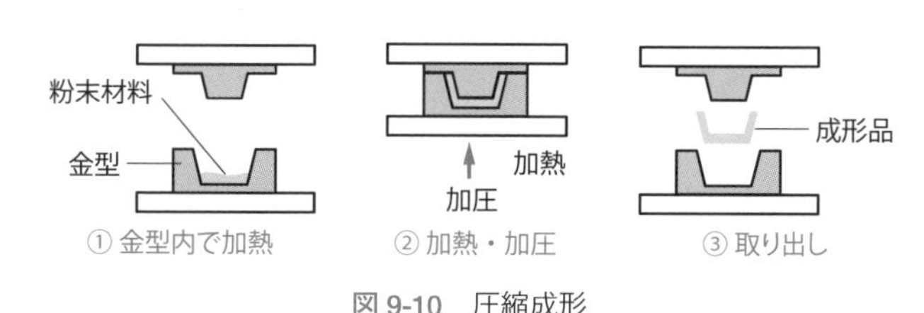

図 9-10 圧縮成形

圧縮成形は，大型で肉厚の成形品に適しており，成形機が単純で比較的安価である．また，成形品内にインサート物（繊維や金具）を含有させる場合に適しており，近年では，半導体デバイスのパッケージング技術として用いられるようになっている．具体的には，半導体素子の配線後の上部に，電子回路を保護する目的で，フェノール樹脂やエポキシ樹脂を流し込み固化させる．ただし，成形が遅いため大量生産には不向きであり，成形品の精度にも限界がある．一部少数ではあるが，熱可塑性プラスチックも成形可能である．

9-6-4 トランスファ成形

トランスファ成形 (transfer molding) は，熱硬化性プラスチックの成形法の一つであり，半導体デバイスのパッケージング技術として広く利用される．図 9-11 に示すように，タブレット状の予熱した熱硬化性プラスチックをトランファポットとよばれる材料室にいれ，加熱軟化させてプランジャで加圧して金型に充填する．この状態で一定時間加熱硬化させた後，成形品を取り出す．

トランスファ成形では，前項の圧縮成形と異なり，成形材料の軟化を金型上部のトランスファポット内で行っているため，成形サイクルは圧縮成形より短くなる．また，金型を閉じて材料を注入するため，成形品の製品性能がよくなる．一方で，

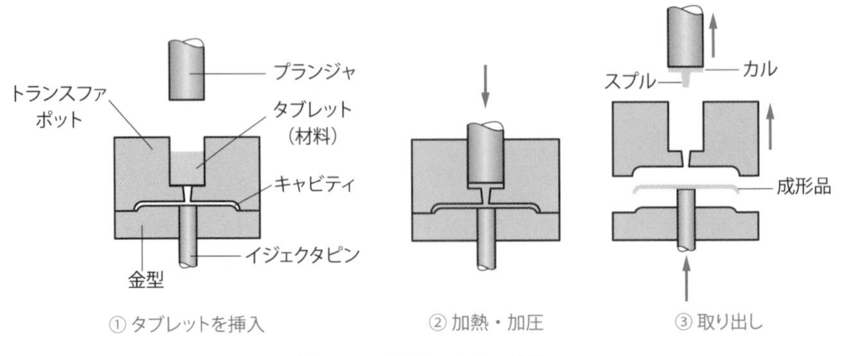

図 9-11　トランスファ成形

タブレット成形機，高周波予熱機などが必要となるため，成形機は高価となる．

成形材料の流動を考慮した金型設計が必要となる点では射出成形と類似しているが，射出成形では，複数ショット分の材料がシリンダ内に滞留するのに対して，トランスファ成形では，1 ショットごとに新しい材料を供給する．その結果，高温度での加熱軟化により低速低圧成形が可能なため，インサート物の保持が容易となるが，成形品以外の残った材料（カル）は毎回取り除かれるため，材料のロスが発生する．

9-7　3D プリンティング

3D プリンティングとは，3D-CAD の設計データをもとにして，スライスされた 2 次元の層を 1 層ずつ積み重ねていくことによって 3 次元モデルを製作する，積層造形（Additive Manufacturing: AM）技術である．具体的には，造形物を固定するテーブルとノズルの 3 次元的な相対位置を変化させて，断面形状を作成して積層する．従来の製造技術では困難であった複雑形状の造形ができ，製品の品質やデザインの向上なども可能となる．一方で，生産性という点では従来の金型などを用いた技術に劣るため，試作品の製作や複雑な形状を少量だけ製作することを得意とする．

3D プリンティングは，ここまで述べてきた従来の製造技術と大きく異なる．基本操作としては，3D-CAD の図面データをコンピュータで作成した後に，実行ボタンを押すのみで加工ができる簡易性が特徴の一つである．一般的な印刷用プリンタと同様の手順で動かすことができるため，設計から製作の間の工程が少なく，開発期間を短縮することができる．なお，3D プリンティングを行う装置は 3D プリンタとよばれる．

9-7-1　3D プリンティングで使用する材料

3D プリンティングで扱える材料は，当初はプラスチックが中心であった．しかし金属をはじめ，対応する材料は年々増加している．後述する造形方式や 3D プリンタの機種によって使用可能な材料の種類が変わる．

3D プリンティングで主に用いられるプラスチックの素材形態としては，液状のワニス（樹脂を溶剤に溶かした液体），樹脂を細い糸状にしたフィラメント，樹脂を粉末・粒子などにしたパウダーがある．用いられる樹脂は造形方式によって変わるが，代表的な熱可塑性樹脂としては，ABS 樹脂，ポリプロピレン，ポリカーボネート，ポリ乳酸などがある．また，熱硬化性樹脂ではエポキシ樹脂，とくに，その材料に特性を近づけた光硬化性樹脂（ABS ライクや PP ライクとよばれる）がよく用いられる．紫外線で硬化する液体樹脂であり，後述の光造形方式で使用される．

3D プリンティングで用いられる金属材料の素材形態としては，粉末の場合と，熱可塑性樹脂と金属粉末を混合したフィラメントの場合がある．また，金属材料を 3D プリンティングする場合は，造形後にも作業工程が必要となることが多い．具体的には，フィラメント方式では金属粉末を結合している熱可塑性樹脂を取り除くための脱脂が必要であり，多くの場合は加熱炉に入れて金属粉末を焼結することで金属部品となる．脱脂・焼結では樹脂分が抜けて造形時よりも収縮するため，収縮する割合を考慮した造形が必要である．

9-7-2　サポート材

3D プリンティングで，ほかの加工方法と大きく異なる点の一つがサポート材である．たとえば中空形状の製品を作る場合，下に何も支えがないと，材料が積層されずに落ちてしまう．そこで，用いられるのがサポート材（support material）である．造形方式や材料を吐出するノズルの数により，積層材料そのものをサポート材に用いる場合と，専用のサポート材を用いる場合がある．

サポート材は，造形完了後に除去しやすい構造になるよう，3D プリンタのソフトウェアによって自動的に設定される．同じ構造でも，積層方向でサポート材の形成状況が変わるため，注意が必要である．また，サポート材は最終的に除去される部分であることから，サポート部が多いほど材料ロスも多くなる．なお，複数のノズルをもつ方式の場合は，サポート材を，構造材料とは異なる材料，たとえば水や熱で溶ける材料とすることで，除去しやすくできる.

9-7-3　造形方式

3D プリンティングの造形方式は，国際基準規格を策定する世界的機関 ASTM International によって，表 9-2 に示すように七つに分類されている．大別すると，ノズルから出てくる材料を積み重ねていく方式（図 9-12）と，粉や液体などの材料にレーザ光などを当てて固めて積み重ねていく方式（図 9-13）に分かれる.

表 9-2　3D プリンティングの造形方式の分類

大分類	造形方式	原料	別称
ノズル方式	材料押出法	熱可塑性樹脂	FDM（Fused Deposition Modeling） FFF（Fused Filament Fabrication） APF（Arburg Plastic Freeforming） CFF（Continuous Filament Fabrication）
	材料噴射法	光硬化性樹脂，ワックス	MJP（Multi Jet Printing） PJP（Poly Jet Printing） NPJ（Nano Particle Jetting） DOD（Drop On Demand）
	結合剤噴射法	石膏，プラスチック	CJP（Color Jet Printing）
光・レーザ方式	液槽光重合法	光硬化性樹脂，モノマー	SLA（Stereo Lithography Apparatus） DLP（Digital Light Processing）
	粉末床溶融結合法	金属，プラスチック	SLS（Selective Laser Sintering） SLM（Selective Laser Melting） EBM（Electron Beam Melting） MJF（Multi Jet Fusion）
	シート積層法	紙，プラスチック，金属	—
	指向性エネルギー堆積法	金属	LENS（Laser Engineering Net Shape） MPA（Metal Powder Application） WAAM（Wire and Arc Additive Manufacturing）

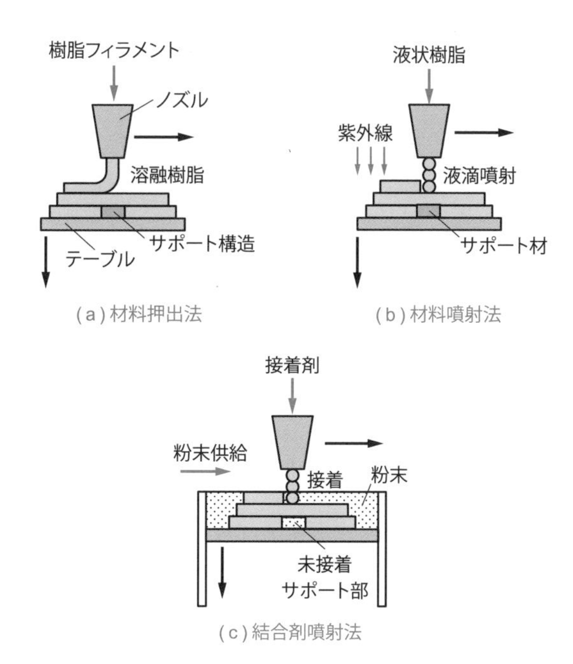

図 9-12　3D プリンティングの造形方式：ノズル方式

(a) 材料押出法

材料押出法（Material Extrusion: MEX）は，造形材料をノズルから押し出して積層する方法である．多くの場合は，熱可塑性樹脂のフィラメントをノズル付近に設置したヒーターで溶かしながら押し出す．造型材料である ABS 樹脂やポリ乳酸では，ノズル直前で材料を 200℃程度に加熱した後に，直径 0.1〜0.25 mm 程度のノズルから押し出す．一般的なプラスチック製品でよく用いられている熱可塑性樹脂を利用することができるため，試作に適している．また，装置構成がシンプルで，高価な付帯設備も不要であることから安価である．ただし，材料を押しつけながら積層していくため，微細形状の再現が困難で，積層痕がほかの方法に比べて大きいなどの欠点がある．

(b) 材料噴射法

材料噴射法（Material Jetting: MJT）は，光硬化性樹脂やワックスなどの材料をノズルから噴射（吐出）し，それに対して光を当てて硬化しながら積層する方法である．一般的な印刷用インクジェットプリンタに構造が類似していることから，インクジェット方式ともよばれる．噴射する材料径を比較的小径に制御できることから，積層痕の目立たない，滑らかで高精細な造形が可能である．着色の異なる材料を同時に噴射して混ぜることでフルカラー化したり，異なる材料を混ぜ合わせて物性値を調整したりすることができる．欠点としては，噴射した材料に光を照射して硬化させるため，太陽光などでの劣化があり，強度・耐久性が熱可塑性プラスチックに比べて落ちる点がある．

(c) 結合剤噴射法

結合剤噴射法 (Binder Jetting: BJT) は，石膏やプラスチック，砂，セラミックスなどの粉末に対して接着剤 (binder) を選択的にノズルから吐出して固める方法である．まず，テーブル上にプラスチックや金属などの材料粒子を薄く敷き，ノズルをプレート上を通過させながら，設計されたモデルの断面形状に合わせて結合剤を噴射する．1層目の固化が完了すると，テーブルを1段下げ，1層目に重ねるように再度材料を薄く敷き，モデルに合わせて結合剤を噴射する．以上の工程を繰り返して立体物を造形後，3D プリンタから部品を取り出したのち，サポート部を取り除くと完成する．サポート材が不要であるため，複雑な形状の造形が可能で，造形が比較的速い．欠点としては,粒子が表面に現れるために表面精度が粗いことや,結合剤が造形物に含まれるために単一材料のみの場合に比べて強度が低いことなどである．

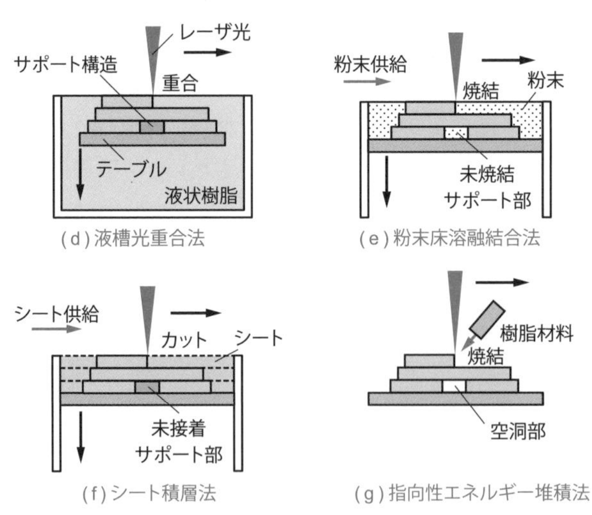

図 9-13　3D プリンティングの造形方式：光・レーザ方式

(d) 液槽光重合法

液槽光重合法（Vat Photo Polymerization: VPP）は，光造形方式ともよばれ，タンクに貯めた光硬化性樹脂（紫外線硬化性樹脂）に光を照射し，選択的に硬化させて積層する方法である．タンクに貯めた樹脂の液面に上から光を照射する自由液面法と，タンクの底の透明な面（ガラス板など）を通して光を当てる規制液面法がある．また，造形物の対象部分のみに光を照射する方法としては，レーザ光をガルバノミラーなどで走査する方法と，プロジェクタなどで断面形状を一括露光する方法がある．比較的解像度のよい，高精度の造形物が得られることと，造形が比較的速いことが特徴である．

(e) 粉末床溶融結合法

粉末床溶融結合法（Power Bed Fusion: PBF）は，テーブル上に平らに敷き詰められた粉末に対して，レーザ光や電子ビームを照射した熱で断面形状を溶融・結合させ，1 層ずつ焼結・造形していく方法である．焼結された部分が造形物，粉末として残った部分がサポート部となる．加熱方法や使用材料の選択肢が複数あり，プラスチックの場合と金属の場合で用いる手法が異なる．装置本体がかなり高価であり，また，多くの付帯設備（粉塵対策，不活性ガスの排出など）が必要となる場合もある．しかし，融点が高い材料を扱えるため，金属材料ではとくに有力な方式として金型の製作などに用いられている．

(f) シート積層法

シート積層法（Sheet Lamination: SHL）は，ラミネート積層法ともよばれ，紙・プラスチックフィルム・金属箔などの薄いシート材（1 層あたりの厚みは 0.2 mm 程度）を，1 層ずつモデルの断面形状で切断し，隣接する層を接合（接着や溶接）しながら積層する方法である．切断にはレーザ光やカッター，接合には接着剤や超音波などが用いられるが，具体的な方法は材料によって異なる．シート状で，特殊な化学反応が不要であることから，幅広い材料に対応できる点が特徴である．造形物の物性に細かな仕様が求められないようなデザインモデルなどは，安価に製造可能となる．

(g) 指向性エネルギー堆積法

指向性エネルギー堆積法（Directed Energy Deposition: DED）は，レーザ（メ

タル）デポジションともよばれ，レーザ光や電子ビームを照射する位置に，粉末材料やフィラメント状の金属などをノズルから吹き付けることで溶融して積層する方法である．肉盛溶接する技術（レーザクラッディング）を応用した方法で，レーザ照射と粉末材料の吐出を行うノズルの位置を制御することで積層造形する．粉末床溶融結合法を発展させた方式と考えることができ，残留応力やコスト・造形時間の低減が期待されている．金属材料を用いる際は，ロボットアームの活用などでサポート材が不要となる場合がある．

9-7-4　3Dプリンティングにおける加工仕様

3Dプリンティングの造形方式を選択する際には，使用可能な材料の種類以外に，造形物の最大加工可能サイズや，品質・精度に直接影響する積層ピッチなどが重要な観点となる．

造形物の最大加工可能サイズは，造形を行うテーブルサイズでほぼ決定される．加工サイズが大きい場合，最適なテーブルサイズを選択しなければ，造形物の品質や精度が落ちてしまったり，大量の材料ロスを生じてしまったりすることもある．

積層を基本原理とする3Dプリンティングにおける造形物の品質や精度は，層の平面方向の精度と，造形物の高さ方向の積層ピッチに深く関係する．層の平面方向の精度については，造形方式（加工スポット精度など），材料，造形スピード（ノズルやレーザの移動速度や移動精度）などが影響する．また，積層痕につながる積層ピッチは，一般的には細かであるほうが仕上がり面はより平滑となり，高さ方向の最小加工精度もよくなる．積層ピッチを細かくとり造形スピードを下げて造形分解能を上げれば造形物の表面を平滑にできるが，3Dプリンティングは1点ずつの加工であるため，そのようにすると造形時間が著しく長くなる場合もある．

演習問題

9-1　熱可塑性プラスチックには，高分子の鎖がランダムな状態の非結晶性プラスチックと，鎖の一部に規則正しい配列の結晶構造組織を有する結晶性プラスチックがある．結晶構造組織の有無による性質の変化について説明せよ．

9-2　普段の生活で使用されているプラスチック製品が，どのプラスチックで作られているか，また，その材料のどのような性質や特徴が活用されているか，例を挙げて説明せよ．

9-3　四大プラスチックを挙げよ．

9-4　PET ボトルの一般的な作り方を説明せよ．

9-5　押出成形が肉厚品の成形に向いている理由を説明せよ．

9-6　3D プリンティングによく用いられている樹脂であるポリ乳酸（Poly Lactic Acid: PLA）について説明せよ．

9-7　プラスチックの環境・安全問題について，例を挙げて説明せよ．

第 10 章

微細加工

微細加工とは，広義には微細なサイズの加工物を対象とする加工技術全般を指し，狭義にはIT機器のCPUやメモリなどの半導体集積回路（IC）の製作技術を基盤としたマイクロマシーニング（micromachining）を指す．狭義の微細加工には，第6章で示した特殊加工に関連するものもあるが，その大部分は，従来の機械技術を基盤とした加工学において示されることは少なかった．しかし近年は，MEMS（Micro Electro Mechanical Systems）に代表されるように，微小なセンサやアクチュエータを一体化・集積化したシステムが製作されており，機械と電子の加工技術の境界は曖昧になってきている．

本章では，狭義の微細加工であるマイクロマシーニング（以下，微細加工と記述）について概説し，半導体製造技術，とくに，加工形状製作の中心技術である前工程の一部について詳細に説明する．

》微細加工の特徴

- 非力学的加工が中心で，加工箇所に供給されるエネルギー密度が高く，作用面積が小さい．
- 非接触ないしは非接触に近い非削加工であり，加工の作用力・反力が小さい．
- 加工現象が物理的・化学的で，エネルギー輸送や物質輸送が伴うので，加工変質層がない．
- 加工くずは微粉粒となって排除されるので，自動処理ができる．
- 単一基板がさまざまな加工装置を通過しながら，順次構造や部品が加工され，加工と組立が同時進行する．
- 平面的な加工を繰り返して積層化するため，従来の機械加工に比べて，立体形状の加工が困難．

10-1 微細加工の概要

10-1-1 微細加工の加工領域

微細加工の加工領域は，代表寸法がマイクロメートル（10^{-6} m）以下のサイズであり，精密加工における表面性状としての加工精度とは異なる．図 10-1 は，IC から建築物に至るまで，加工品を加工物体寸法と相対公差（＝公差 / 物体寸法）で示したものである．従来の機械加工・精密加工・超精密加工と微細加工には，以下のような違いがある．

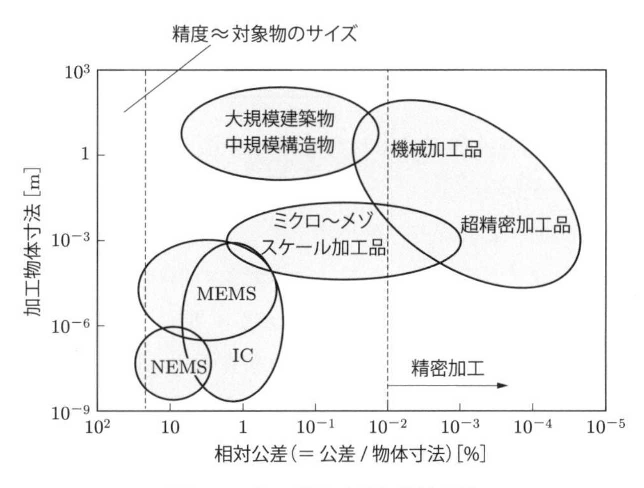

図 10-1　加工物体寸法と相対公差

- **従来の機械加工・精密加工・超精密加工**：通常，除去加工のみを対象とする．たとえば，絶対寸法 100 mm のレンズや直径数 m の天文用放物面鏡など，大きな対象物を精密に加工するために使用されている．
- **微細加工（IC，MEMS，NEMS）**：除去加工，変形加工，付加加工のすべてを対象とする．優れた微小物体寸法を達成することができるが，相対公差はほとんどの機械加工で達成される公差に比べてかなり悪い．これは，シリコンベースの微細加工が，機械工学ではなく電気工学から生まれたためといえる．

10-1-2 微細加工の分類

微細加工の加工法は，従来の機械加工と同様に，除去加工・変形加工・付加加工に分類できる．それらをさらに加工原理で分類すると，表 10-1 のようになる．一

表10-1　微細加工の分類

大分類	中分類	加工法
除去加工（重量減少）	溶融蒸発	電子ビーム熱加工，レーザ熱加工
	電気分解	電解加工，電解研磨加工
	化学分解	ウェットエッチング，化学研磨
	スパッタ	ドライエッチング，イオンビームエッチング
変形加工（重量変化なし）	粘性流動	ナノインプリント，マイクロモールディング
付加加工（重量増加）	改質	フォトリソグラフィ，露光
	付着	めっき，酸化処理，気相成長法，熱蒸着，スパッタ
	打込み	イオン注入
	拡散	シンタリング，ドーピング

部の技術は，第6章の特殊加工で示したものであり，ICやMEMSの製作以外でも広く利用されている．

刃物を用いる機械加工と異なり，微小物を微小量加工する微細加工では，刃物に変わる，より小さなサイズの工具として，加工対象の形状や質量を変化させるために必要なエネルギーをどのようにして与えるかが重要である．表10-2に，微細加工で用いられるエネルギー源による加工法の分類を示す．電子，原子，光は，まとめて粒子とよぶことができ，電荷の有無や質量の大小など，粒子の違いが加工現象の多様性を生み出す．電子は，運動エネルギーの違いのみがパラメータである．原子やイオンは，運動エネルギーと質量がパラメータであり，いろいろな種類の原子・分子や，荷電状態が異なるイオンを加工に利用することができる．光（光子）は，電子やイオンと異なり，波長によって加工現象が変わる．微細加工で用いられるこれらのエネルギー源を用いた加工法は，非力学的加工が中心であり，微細加工物体や薄膜の加工に対する適応性が高いといえる．

表 10-2　エネルギー源による微細加工の分類

エネルギー源		加工法	大分類
電子	電子ビーム	溶接	付加
		描画	付加
原子	イオンビーム	ミリング	除去
		スパッタ	除去・付加
		注入	付加
	ラジカルビーム	ドーピング	付加
		クリーニング	除去
	プラズマ	エッチング	除去
		CVD	付加
		スパッタ	除去・付加
		溶射	付加
光	紫外線	露光	付加
	レーザ	穴あけ	除去
		露光	付加
		アブレーション	除去・付加
		表面改質	付加
	放射光	露光	付加
その他	プローブ（微細針）	トンネル電流	除去・付加
		原子間力	除去・付加

10-1-3　微細加工で用いられる材料

微細加工で用いられる主な材料を表 10-3 に示す．通常，IC は単結晶シリコンを薄くスライスした，ウエハとよばれる平板な基板上で製作される．MEMS の場合は，可動部やセンシング部が必要なので，シリコン基板に加えてガラス基板や樹脂基板なども用いられる．

表 10-3　微細加工で用いられる主な材料（基板および堆積物）

	基板	薄膜	その他
IC の製作に必要なもの	シリコン	シリコン酸化膜，シリコン窒化膜，ポリシリコン，金属膜	フォトレジスト
上記に加えて，MEMS や NEMS の製作に必要なもの	ガラス，ポリマー，その他	機能性材料（形状記憶合金，圧電材料など），生体材料	塗布材料，成形材料

10-1-4　微細加工の工程

本章の冒頭に述べたように，微細加工とは，狭義には半導体製造技術のことである．そこでまず，以下では半導体製造の工程を示す．そして次節以降で，主要な微細加工について説明する．

半導体製造の工程は，図10-2に示すように，前工程（wafer process）と後工程（assembly and testing process）に分かれる．前工程では，シリコンウエハ上で，目的のデバイスを作り込む．具体的には，成膜，フォトリソグラフィ，エッチングなどを何層にもわたって繰り返すことにより，3次元構造を有するICやMEMSをウエハ上に複数個同時に製作する．後工程では，ウエハから一つひとつのデバイスを切り離して，パッケージ化した状態（製品）にする．

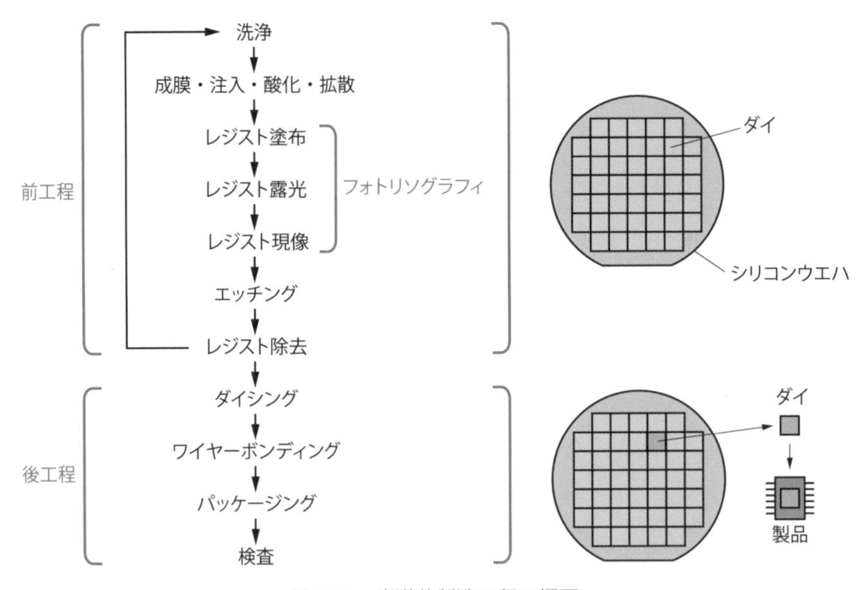

図10-2　半導体製造工程の概要

10-1-5　前工程の流れ

加工形状の製作という観点では，フォトマスクのパターンを一括転写するフォトリソグラフィを中心とした，パターン形成を目的とした前工程が重要である．

例として，シリコン酸化膜の2次元パターンを製作することを想定した，前工程の基本を図10-3に示す．以下にその流れを述べる．

① 基板となるシリコンウエハを洗浄する．

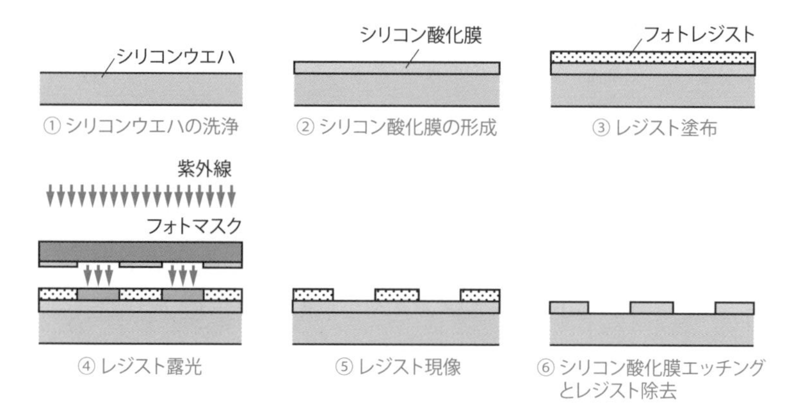

図 10-3　前工程の例（シリコン酸化膜のパターニング）

② シリコン酸化膜をウエハ全面に形成する（成膜）.
③ 感光性の樹脂であるフォトレジストを全面に塗布する.
④ 設計した遮光パターンが形成されているフォトマスクを介して紫外線をフォトレジストへ入射する. これにより, フォトマスクの露光部分が改質し, 現像液に対して可溶な部分と不溶な部分が形成される（図は露光部分が可溶な場合である）.
⑤ レジスト現像によって, フォトマスクのパターンがフォトレジストに転写される.
⑥ フォトレジストが残っていない部分のシリコン酸化膜をエッチングし, 残っているレジストを除去することで, パターンが完成する.

前工程は平面的な加工技術ではあるが, 高精細・大面積の加工が可能であり, この工程を繰り返して多層化することで, ある程度立体的な微細構造の加工が可能となる.

10-1-6　微細加工と従来の機械加工の製造工程の違い

微細加工は, 第 8 章までで述べてきた, 除去加工を中心とした機械加工や精密加工技術とは根本的に製造工程が異なる. 図 10-4 に示すように, 従来の機械加工では, 各部品を異なる装置で並列に加工し, それらの組立てを繰り返す. 一方で, 微細加工では, 各プロセスを同一基板に一括して適用するため, 加工が直列に進む. また, 組み立てられた状態でシステムが完成するため, 基板を分割するだけで製品になる.

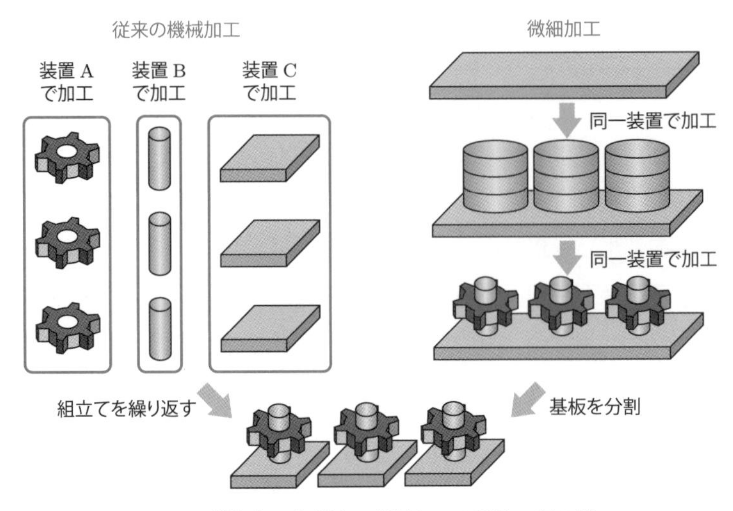

図 10-4　微細加工と従来の機械加工の製造工程の違い

加工や材料の組合せに関する制約は多いが，多数の微小部品からなる複雑なシステムの製作には適している．

10-2 薄膜形成

10-2-1　薄膜形成の概要

微細加工では，膜厚 1 μm 程度以下の膜を薄膜（thin film）とよぶ．真空プロセスにおけるプラズマ反応や紫外線などの光反応を利用して形成されることが多い．これらの反応により，バルク材料（ある程度の大きさをもつ塊）では作りえない，平面的で緻密な構造を有した，高品質の薄膜を形成できる．また，薄膜は基板の上に形成されるため，その物性は，基板の拘束による内部応力や基板の結晶構造から影響を受ける（後者の影響はエピタキシャル成長として現れる）．薄膜材料としては，主にシリコンとその化合物（シリコン酸化膜，シリコン窒化膜）や，各種金属（アルミニウム，チタン，クロム，ニッケル，銅，タングステン，白金，金など）が用いられる．

10-2-2　薄膜形成プロセスの分類

微細加工における薄膜形成プロセスの分類を，表 10-4 に示す．薄膜形成は，大きく物理的方法と化学的方法に分類され，物理的方法で製作する薄膜は気相成長が中心であるが，化学的方法では気相成長と液相成長の両方がある．成膜したい材料

表 10-4 薄膜形成プロセスの分類

大分類	中分類	小分類
物理的方法（PVD）	気相成長	熱蒸着（熱，電子ビーム，レーザ），スパッタ（DC（直流），RF（交流高周波）），イオンプレーティング，レーザアブレーション
化学的方法	気相成長	CVD（熱，プラズマ），原子層堆積（ALD），熱酸化・熱拡散
	液相成長	ゾル・ゲル，めっき，塗布

組成によって用いる方法が異なり，たとえば液相成長のめっき法（plating）は，電解溶液中に基板を入れ，対極の電極間に電圧を印加して膜を積層するため，設備コストが比較的安く，銅配線（ダマシン）などに利用されている．また気相成長では，物理的・化学的のいずれの方法においても，真空チャンバーが用いられる．たとえば物理気相成長（Physical Vaper Deposition: PVD）法では，高真空（10^{-1}～10^{-5} Pa）状態のチャンバー内で，薄膜となる成膜物質の固体ターゲット材料に，さまざまな方法でエネルギーを加える．すると，図 10-5 に示すように，成膜物質が粒子（原子・分子）状態で蒸発・飛散し，対向するように配置された基板上に付着・堆積し，基板上に薄膜が形成される．励起するエネルギー源は，成膜物質の組成や所望の薄膜特性によって決まる．

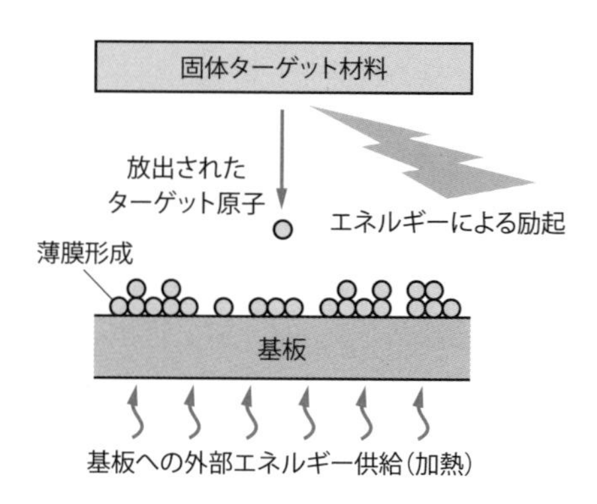

図 10-5 物理的方法による真空チャンバー内での気相成長

以下の項では，とくに微細構造形成の観点で代表的な薄膜形成プロセスをいくつか示す．

10-2-3 熱蒸着法

熱蒸着（thermal evaporation）法とは，金属などの成膜物質を，真空中でヒーターもしくは電子ビームによって加熱・蒸発させ，対向の基板上に薄膜を形成する方法である．図10-6に示すように，熱蒸着法では，①成膜物質の蒸発，②基板への移動（輸送），③基板上での凝集というプロセスが，真空チャンバー内で行われる．真空チャンバーを用いる薄膜製作技術の中では，最も簡単な方法の一つである．基板上への蒸発物質の輸送は，移動経路上に設けたシャッターの開閉によりコントロールする．

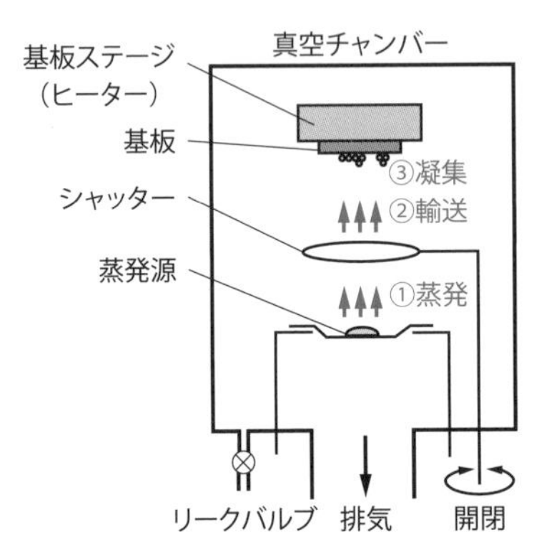

図10-6　熱蒸着装置の構成

タングステンやモリブデンなどの抵抗体に電流を流し発熱させ，その上の材料を加熱・蒸発させて薄膜を形成するため，真空中で低沸点となる金属（アルミニウム，チタン，銀，銅，金など）に適している．

10-2-4　スパッタ法

スパッタ法（sputtering）は，蒸着源となる金属材料（ターゲット）にイオン（主にアルゴンイオン）をぶつけて削り飛ばし，対向の基板に付着させて金属を成膜する方法である．図10-7に示すように，真空装置内に金属などのターゲットを置き，ターゲットと基板間に電圧をかけて放電を起こさせ，イオン化したアルゴンガスをカソード電極のターゲットに衝突させる．ターゲットの裏側には磁石を設置し，磁力線によりプラズマを閉じ込めて，ターゲット付近で効率よくアルゴンイオンが発生するようにする．ターゲットからはじき出された（スパッタされた）粒子が基板上に付着することにより，膜を形成する．

ターゲットに粒子が入射する際，その粒子のエネルギーが10 eV程度になればスパッタリング現象が発生する．ターゲットに入射するイオン1個がはじき出すスパッタ粒子数をスパッタ率とよび，その変化要因には，入射イオンエネルギー，入射イオン種，ターゲット材料，イオン入射角，ターゲットの結晶構造などがあ

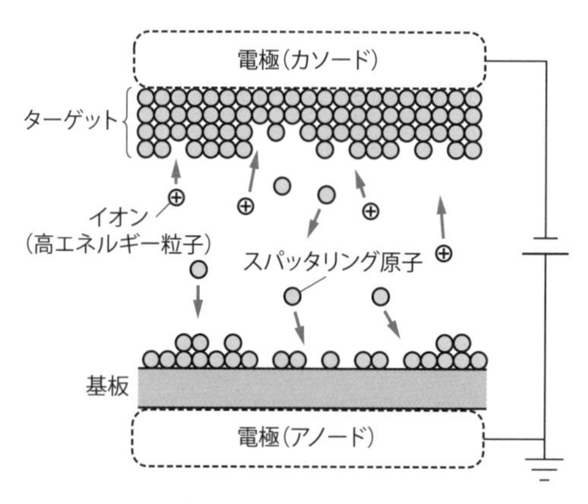

図 10-7 スパッタ法

る．たとえば，入射イオンエネルギーの上昇に従ってスパッタ率は上昇していくが，10 keV 程度のエネルギー領域では一定となり，それ以上では注入の効果が支配的となるため下降する．スパッタ率を調整する装置の操作パラメータには，印加電圧，チャンバー内の圧力，基板加熱温度，ガス種（窒素，酸素，アルゴンなど）とその流量などがある．

熱蒸着法とスパッタ法は，ともに金属薄膜をはじめとするさまざまな薄膜形成に利用されている．成膜技術としての特性を比較すると，表 10-5 に示すようになる．目的とする薄膜，あるいは加工難易度などを踏まえて使い分ける必要がある．

表 10-5 熱蒸着法とスパッタ法の比較

	熱蒸着法	スパッタ法
成膜スピード（レート）	数千原子層 / 秒	1 原子層 / 秒
材料の選択性	制限あり	ほとんど制限なし
純度	比較的高い	不純物が含まれる可能性あり
基板の加熱	小さい	マグネトロンでない場合は，かなり大きい
表面ダメージ	小さい	イオン衝撃ダメージあり
合金の組成制御	ほとんどできない	厳密に制御可能
原材料の変更	簡単	困難（高価）
均一性	困難	簡単で，広い面積も可能
設備	安価	高価
膜厚制御	簡単でない	いくつかの方法あり
膜の密着性	しばしば低い	高い
膜質制御	困難	可能

10-2-5　CVD 法

CVD（Chemical Vapor Deposition）法は化学気相成長法ともよばれ，図 10-8 に示すように，薄膜材料のハロゲン化物，水素化物などを原料ガスとして，高温雰囲気やプラズマ中で分解，酸化，還元，重合などの気相合成反応を行い，基板上に薄膜を形成させる方法である．基板を通常 300℃以上に加熱することで，表面での化学反応を促進する．たとえば，後述する表面マイクロマシーニングで構造体によく用いられる多結晶シリコン（ポリシリコン）膜は，減圧 CVD（Low Pressure CVD: LPCVD）法によりシランガスを 700℃程度で熱分解して形成される．また，酸化シリコン，窒化シリコンのほか，銅などの金属の成膜にも用いられる．

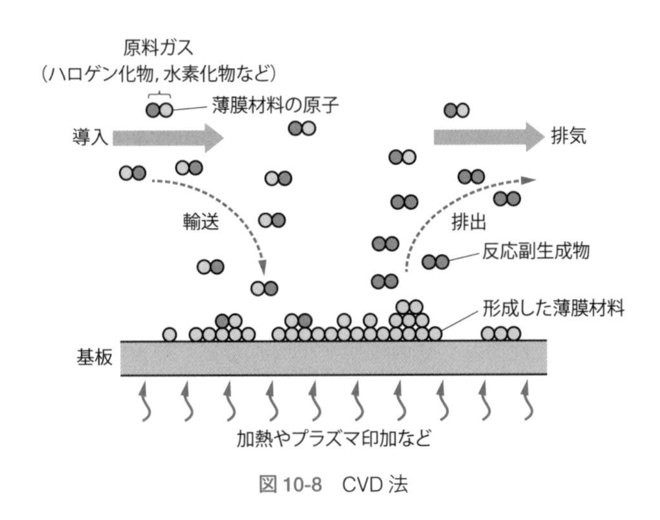

図 10-8　CVD 法

CVD 法は，PVD 法に比べてステップカバレッジ（段差被覆性．演習問題 10-2 参照）が高いという利点があるが，プロセスは高価であり，毒性ガスを用いるために複雑な装置が必要で不純物の問題がある．一方，PVD 法はクリーンで安全なプロセスであり，メカニズムや組成制御が容易で，接着性が高く，成膜も速いなどの利点がある．

10-2-6　熱酸化法

熱酸化（thermal oxidation）法では，酸化膜，窒化膜をウエハの表面に形成する．とくに酸化膜は，基板材料がシリコンウエハの場合，ウエハ表面を酸化させて形成するので，良質の絶縁膜になる．この工程では，周囲にヒーターを配置した石英管内にウエハを置き，温度を1000℃以上に上げて表面層の酸化を行う．熱酸化工程には，酸化種として水蒸気を用いるウェット酸化（パイロジェニック，スチーム）と，乾燥酸素を用いるドライ酸化（ドライ，塩化水素，塩素）がある．

10-3 フォトリソグラフィ

10-3-1　フォトリソグラフィ工程

フォトリソグラフィ（photolithography）の全工程は，もっぱら平滑な平面をもつ基板上で行われる．以下に示す①〜⑧の工程により，基板上にフォトレジストがパターニングされ，エッチングなどの工程へと送られる．主に紫外線に感光する樹脂を用いるため，作業は通常イエロールームとよばれる，紫外線を含まない照明をもつ部屋内で行われる．

① **前処理**：基板上に付着した異物や汚れを，薬品や溶剤により洗浄し，取り除く．
② **密着性向上処理**：脱水ベークやシランカップリング材を用いたヘキサメチルジシラザン（HMDS）処理により，基板表面とレジストの密着を高める．
③ **レジスト塗布**：遠心力を利用して，フォトレジストを基板上に均一塗布する．
④ **プレベーク**：加熱により，レジスト中の溶剤を蒸発させ，基板との密着性を高める．
⑤ **レジスト露光**：マスクに描かれた回路パターンを，基板上のレジストに感光させる．
⑥ **露光後ベーク**：加熱により，定常波の影響防止や酸を活性化する．
⑦ **レジスト現像**：露光された部分，または露光されなかった部分のレジストを，現像液で除去する．
⑧ **ポストベーク**：加熱により，基板上に残ったレジストを硬化，密着させる．

次項以降で，上記工程の③，⑤，⑦について詳細に説明する．

10-3-2　フォトレジスト

フォトレジスト（photoresist）とは，感光性の樹脂（ワニス）である．レジストの成分は，感光性物質，ベース樹脂，有機溶剤からなる．図10-9に示すように，フォトレジストには，露光された部分が現像で除去されるポジ型と，逆に露光された部分が残るネガ型の2種類がある．ポジティブフォトレジスト（ポジレジスト）では，

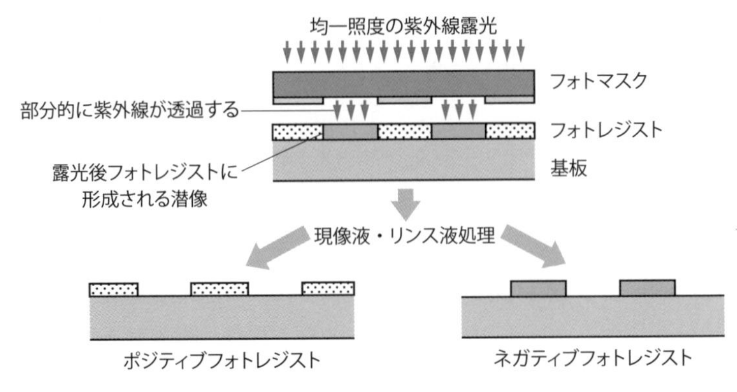

図10-9　フォトレジストの方式

露光により現像抑制剤が分解され，現像液は露光部分のフォトレジストのみを溶解する．一方で，ネガティブフォトレジスト（ネガレジスト）では，フォトレジストは露光により光重合し，現像液に不溶性となる．

10-3-3　レジスト塗布

平滑基板への均一なレジストの塗布方法は，遠心力を用いたスピン塗布が一般的である．図10-10に示すように，スピンコーター（スピナ）の真空チャックステージに固定された基板上に，ディスペンサなどを用いて一定量のレジストを滴下し，高速回転させると，遠心力によりレジストが基板外周方向へ塗り広げられ，薄く均質な厚みのレジスト膜が形成できる．基板上のレジストの膜厚は数十nm～数十μmであり，レジストの粘度や滴下量，スピナの回転数や回転時間により制御される．この際，滴下されたレジストの約90％以上は基板から飛び出し破棄される．

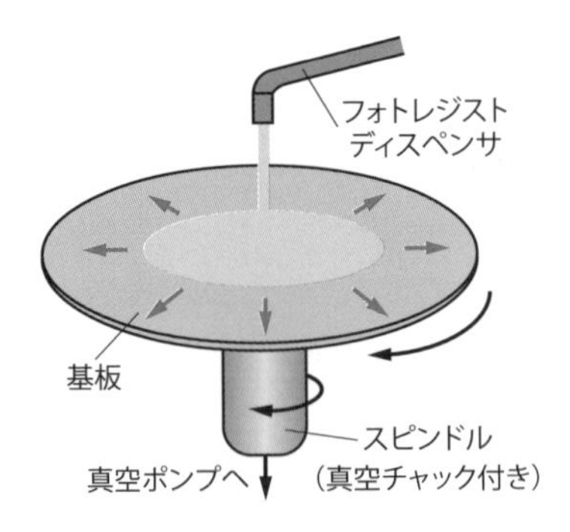

図10-10　スピンコーターを用いたレジスト塗布

レジストを塗布した後，オーブンもしくはホットプレートによりレジストを基板ごと100℃程度で加熱し，有機溶剤を蒸発させて仮硬化する.

レジストの膜厚は最終的なパターン寸法に直接影響するため，フォトリソグラフィはもちろん，製造工程全体において重要な管理項目である．レジストの膜厚が厚くなると，厚み方向で光強度が減衰するため，パターン形状の乱れが発生する．一方で，レジストをMEMSの構造部材として使用することもあり，その場合は約100 μm以上の膜厚とし，凹凸を得る.

10-3-4　レジスト露光

露光（exposure）とは，所望の微細パターン形状を反映させたフォトマスク（photomask）をマスクアライナに取り付け，基板とのアライメント（位置合わせ）を行った後，高圧水銀ランプの紫外線などを照射してレジストを感光させる工程である.

露光前に，あらかじめエッチング形状を反映させたフォトマスクを製作しておく必要がある．具体的には，透明な石英ガラスに，遮光膜となるクロム膜，酸化クロム膜，モリブデンシリサイド膜などをパターン加工する．パターンは，通常電子ビームやレーザを用いてレジストに直接描画する.

露光方式は，図10-11に示すように，マスクとフォトレジストの位置関係から，コンタクト（contact），プロキシミティ（proximity），プロジェクション（projection）の三つの方式がある.

（a）**コンタクト露光（接触露光）**：レジスト塗布した基板にフォトマスクを密着させて露光する．構成が簡単・安価で，マスクと基板間距離がレジストの厚みのみとなり，分解能もよい．凹凸のあるサンプルには不向きであり，接触

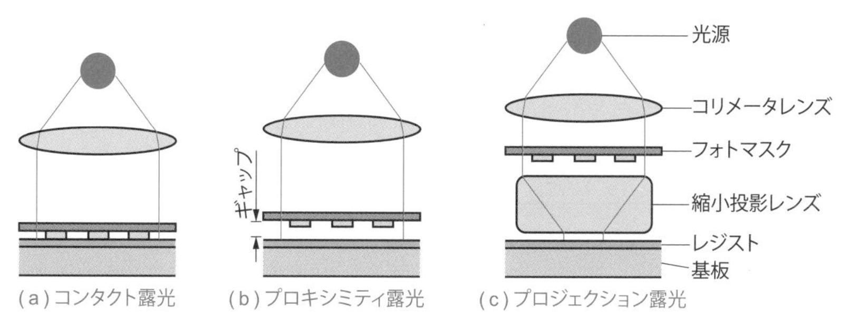

図10-11　露光系の構成

があるためにマスクやレジストへのダメージが発生しやすい．

(b) **プロキシミティ露光（近接露光）**：レジスト塗布した基板とフォトマスクの間に20～50 μmのギャップが存在した状態で露光を行う．表面の凹凸のある基板でもある程度の解像度が得られる．マスクやレジストのダメージも回避できるが，解像度はあまりよくない．

(c) **プロジェクション露光（投影露光）**：フォトマスクとレジストの間に投影レンズが挿入されている露光系．マスクパターンを1/5～1/10に縮小して露光する縮小投影露光装置（ステッパー）では，1回の露光で数十mm角の領域を露光し，それをステップ移動して繰り返すことで，基板全面を露光する．この方法では，縮小投影するため，微細パターン形成におけるマスクに求められる精度が緩和できる．

半導体集積回路では，ステッパーを用いたプロジェクション露光が一般的で，解像度を上げるために，像を連続的にスキャンして露光する．一方で，MEMSなどでは，コンタクト露光やプロキシミティ露光の装置を用いたり，より立体的な構造を得るために，基板裏面とのマスク合わせが可能な両面マスクアライナを用いたりすることもある．

プロジェクション露光では，解像度（分解能）が高いほど微小なパターンの形成が可能であり，露光波長が短いほど解像度は高くなる．図10-12に示すように，マスクを介して照射された露光光線（波長λ）が，開口数NAのレンズを通過して基板上に結像する場合の最小加工寸法を示す解像度（Resolution）Rは，次式のようになる．

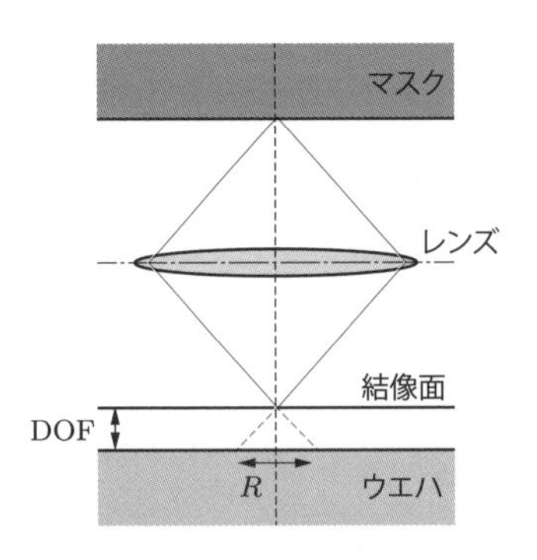

図10-12　解像度と焦点深度（プロジェクション露光）

$$R = \frac{k_1 \lambda}{\mathrm{NA}}$$

ここで，k_1 はプロセス係数とよばれ，レジスト性能，レンズ特性，プロセス条件などにより定まる．また，この解像度を維持できる光軸上の範囲，すなわち焦点深度（Depth Of Focus: DOF）は，次式のようになる．

$$\mathrm{DOF} = \frac{\pm k_2 \lambda}{2\mathrm{NA}^2}$$

ここで，k_2 はプロセス係数である．基板上のフォトレジストの膜厚は，DOF 内に入るように位置合わせをする必要がある．フォトリソグラフィの光源としては紫外線，電子線，X 線などがあり，波長が短いものほど解像度はよくなるが，焦点深度が浅くなるため，基板の高さ方向の位置を合わせるのが徐々に難しくなる．露光光源としては，水銀スペクトル線である i 線（波長 365 nm）や，ArF（193 nm）が主流だが，最先端の IC 製造では EUV（13.5 nm）に移行している．

10-3-5 レジスト現像

現像（development）工程では，露光が終了したレジストに現像液をかけて，部分的にレジストを溶解させて，パターンを基板上のレジストに転写する．実験室レベルでは，基板ごと現像液に浸漬し，軽く攪拌する程度で十分現像できるが，産業用では，スプレー現像装置やパドル現像装置を使用して工程の管理を行う．現像時のパターン寸法の変動要因としては，現像液の温度や時間などがある．

現像液としては，ポジレジストでは強アルカリ水溶液（アンモニウム塩）が主に用いられ，ネガレジストではキシレン系有機溶剤が用いられる．とくにポジレジストの現像液は，大気にさらすと二酸化炭素と反応して現像能力が低下するので注意が必要となる．またネガレジストでは，現像の際に，構造内に残った現像液が浸透して構造の膨潤が起こるため，微細加工性は一般にポジレジストのほうが優れている．

現像終了後，ポストベークとよばれる加熱工程により，レジスト中の有機溶媒を蒸発させ，パターンが残ったレジストを安定化する．

10-4 エッチング

10-4-1　エッチング工程

エッチング（etching）とは，薬品やイオンの腐食作用などを使って必要な形状に除去加工を行う方法である．図 10-13 に示すように，不要な薄膜（レジストに覆われていない部分）や基板の一部を溶かしたり削ったりすることで，構造を形成する．すなわち，エッチング工程によって，最終的なマイクロ 3 次元構造が形成される．

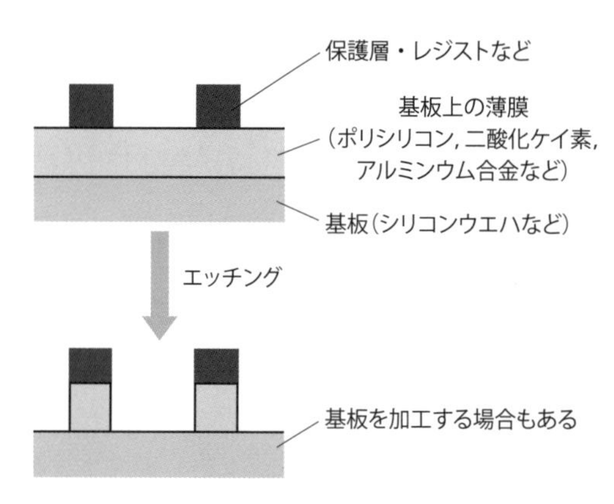

図 10-13　エッチング工程

とくにシリコンウエハを基板として用いる 3 次元微細加工技術は，エッチングの方法によって，以下の 2 種類に分類される．

- **バルクマイクロマシーニング**：単結晶シリコンウエハそのものを，比較的大きなエッチングによって部分的に除去することで 3 次元構造を得る．さまざまなエッチング特性を応用することで，特徴的な微細構造を得ることができる．
- **表面マイクロマシーニング**：基板表面にさまざまな組成の材料をパターニングしながら積層し，最後に特定の膜（犠牲層）のみを選択的にエッチングすることで，機械的に動作する比較的薄型の構造を製作する．全体的に平面的なプロセスのみで構成することができるため，既存の半導体製造プロセスを適用しやすく，IC と MEMS の集積化にも適している．

10-4-2　エッチング形態

(1) 等方性エッチング (isotropic etching)

すべての方向に同じ速度で加工が進行するエッチング方法．等方性エッチングでは，マスクで保護されてない開口部からエッチングを進めると，表面から垂直方向だけでなく，水平方向にも加工が進むため，図 10-14 (a) に示すように，保護層であるマスクの下部にアンダーカット (サイドエッチングともよばれる) が生じる．均質で等方的な被加工材では，エッチング薬剤の供給と反応生成物の排出が円滑に行われると，垂直方向のエッチング深さと水平方向のアンダーカット量はほぼ等しくなる．このとき，大きなパターンではアンダーカットは無視できるが，微細パターンでは無視できなくなる．対策として，アンダーカット分だけマスクパターン (保護層) を太らせることも考えられるが，そうすると隣どうしのパターンが分割できなくなってしまう．すなわち，等方性エッチングで微細パターンは難しいといえる．

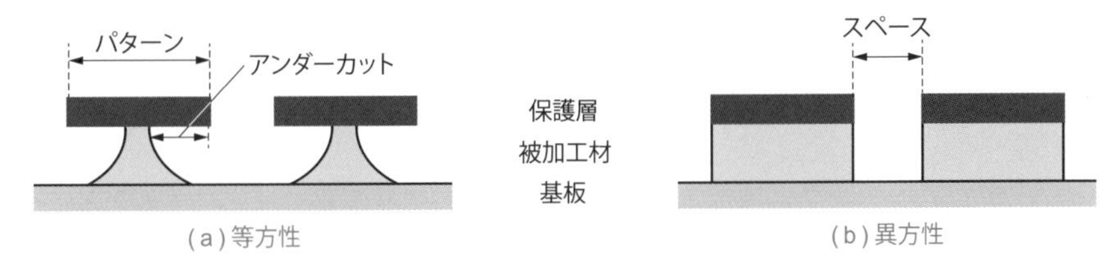

図 10-14　エッチング形態

(2) 異方性エッチング (anisotropic etching)

図 10-14 (b) に示すように，できる限りアンダーカットを押さえて，保護層のパターンに従って深さ方向にエッチングする方法．慣習的には垂直な側壁を生じるエッチングを指すが，単結晶シリコンの異方性を利用した結晶異方性エッチングも含まれる．

10-4-3　選択比

選択比 (etch selectivity) とは，図 10-15 に示すように，加工する層 (被加工材層) と加工しない層のエッチング速度の比である．被加工材層と保護層のエッチング速度比 V_w/V_m をマスク選択比，被加工材層と基板 (下地層) のエッチング速度比 V_w/V_s を下地選択比とよぶ．高選択比の組み合わせとすることで，被加工材層のみを効率的にエッチングできる．

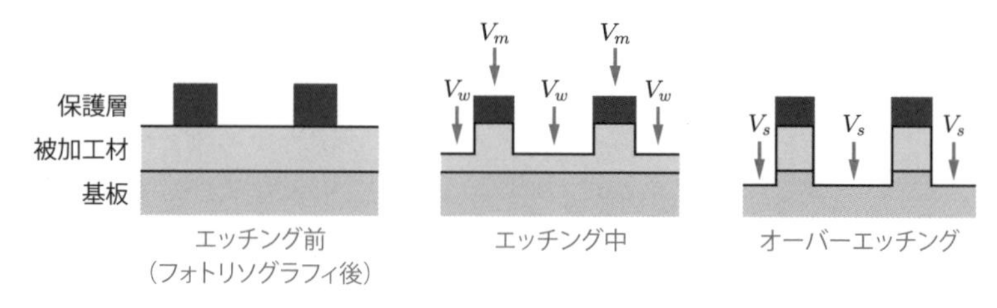

図 10-15　選択比

10-4-4　エッチング機構

エッチングにおける材料の除去の機構は，図 10-16 に示すように 3 種類ある．

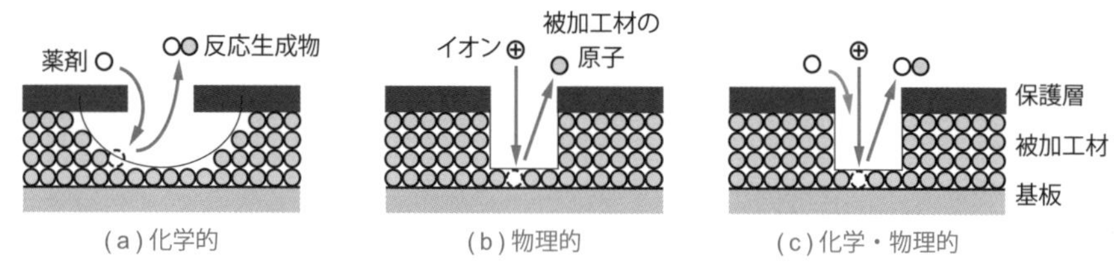

図 10-16　エッチング機構

(a) **化学的エッチング：**被加工材とエッチング薬剤との化学反応によって反応生成物を作り，エッチング液に溶かす，あるいは，気体中で揮発させたり昇華させたりすることで，加工表面から離脱させる方法である．除去方向は等方性であり，高選択比になる．

(b) **物理的エッチング：**被加工材表面に原子やイオンなどの粒子が衝突するときの運動エネルギーを利用して，被加工材表面の原子をはじき出す方法である．除去方向は異方性であるが，低選択比になる．

(c) **化学・物理的エッチング（イオンアシストエッチング）：**上記 2 種類のエッチングの混合．入射イオンのエネルギーにより表面反応が促進され，同時に，イオン衝撃による反応生成物の脱離が促進される．

10-4-5　エッチング手法

(1) ウェットエッチング（wet etching）

酸やアルカリ溶液などの薬液で対象物質を腐食する方法．エッチング薬液の入った槽の中に多数のウエハをまとめて浸漬（ディップ）して処理するバッチ式と，ウエハを回転させながらスプレーなどで薬液をかけて 1 枚ずつ処理する枚葉式がある．

- **バッチ式**：複数枚ウエハを同時に処理するので，単位時間あたりの処理能力（スループット）が高くなる．装置が大型化し，薬液などを大量に消費する点，ウエハが空気と薬液の境界を横切ることで，異物，汚れ，生成物のパーティクルが再付着しやすくなる点などが問題である．
- **枚葉式**：1 枚ずつ処理するためスループットは非常に低くなるが，バッチ式に比べて装置の機械的な構造が単純なので，装置のコストが下がり，小型化が可能である．また，スプレーとウエハ回転で薬液が流れるため，パーティクルの再付着が原理的にないことと，薬液の使用量が非常に少なくて済むという利点がある．ただし，薬液の回り込みなどの影響により，パターン精度はあまりよくない．

シリコンのウェットエッチングでは，エッチング形態を制御するために，フッ化水素系溶液による等方性エッチング，あるいはアルカリ系溶液による結晶異方性エッチングがしばしば用いられる．

(2) ドライエッチング（dry etching）

真空装置内でイオンやラジカルを用いてパターニングを行う方法．図 10-17 に示すように，真空中に反応性ガスを導入し，対向して取り付けられた電極に，高周波を印加してプラズマを発生させる．プラズマ中では，イオン化された反応性ガスとイオン化されていない反応性ガス（ラジカル）が混在している．正に帯電したイオンは，ウエハの置いてあるカソード電極に引かれて垂直に入射する．ラジカルは電

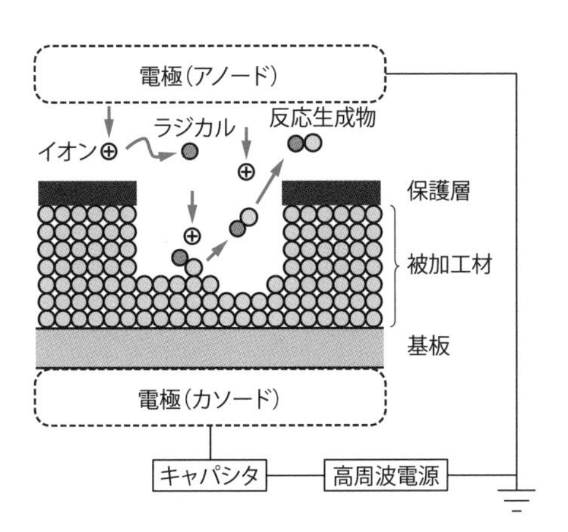

図 10-17　ドライエッチング

気的に中性の反応性ガスで，薄膜の原子と結合し，その場にとどまる．薄膜とラジカルが結合したところに，ウエハに垂直に入射するイオンが衝突して，反応物を離脱させる．離脱した反応生成物は，最終的に真空ポンプで排気される．

CF_4 や SF_6 などの反応性ガスをプラズマ化して化学反応を増速させてエッチングする場合は，RIE (Reactive Ion Etching，反応性イオンエッチング) や ICP-RIE (Inductively Coupled Plasma Reactive Ion Etching) などの装置を用いる．また，反応性の小さい物質をパターニングする際は，イオンを加速して基板に照射しスパッタ現象を利用したイオンビームエッチング装置が用いられる．ドライエッチングは，パターン精度はよいが，基板 1 枚ずつのプロセスとなり，生産コストが高くなる．また，ドライエッチングにおいても化学的エッチングの場合は等方性になる．

(3) Deep-RIE

異方性ドライエッチングよりもさらに深くシリコンウエハをエッチングする方法．図 10-18 に示すように，エッチングと側壁保護を交互に行い，深さ方向に除去を進める．MEMS など，アスペクト比 (構造の幅に対する深さや高さの比) の高い構造が必要な場合に用いられる．エッチングのための SF_6 ガスと，側壁保護膜の堆積 (パッシベーション) のための C_4F_8 ガスを交互に導入するときの周期によって，図に示すようなスキャロップとよばれる凹凸が側壁に生じる．

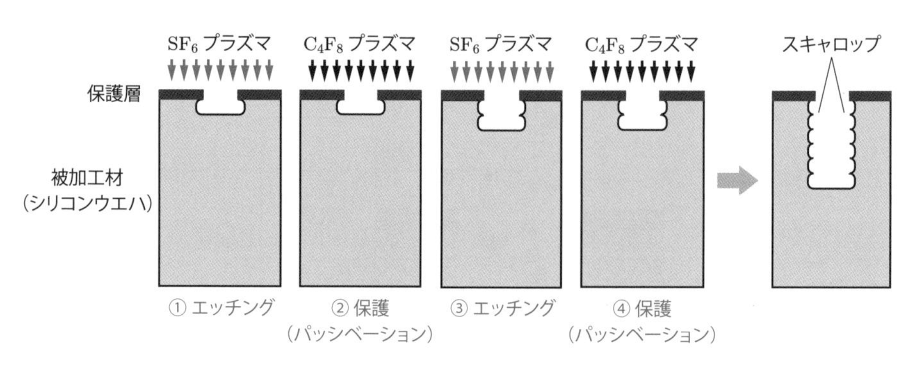

図 10-18　Deep-RIE

10-5 半導体製造技術の歩留まり

原料（素材）の投入量から期待される生産量に対して，実際に得られた製品生産数（量）比率のことを歩留まり（yield）とよぶ．一つの工程での歩留まりを Y_0 とすると，すべての工程数が n である製品の全工程を経て製品ができるまでの歩留まり Y は，以下のようになる．

$$Y = {Y_0}^n$$

全工程数は，MEMS では数十ステップ，IC では数百ステップ以上になるため，一つの工程での歩留まりがかなり高くないと，全体の歩留まりを高く保てない．

また，図 10-2 に示したように大面積の基板上に多数のチップを配列して製作する場合，基板上の単位面積あたりの欠陥の数を D とすると，チップ一つの面積（チップ面積）が A である製品の歩留まりは，以下のようになる．

$$Y = e^{-DA}$$

ここで e は自然対数の底（ネイピア数）である．一つの工程にかかる時間は基板の面積の影響を受けにくいため，基板を大型化し，かつチップ面積を小さくすることで，より多くのチップが製造でき，かつ歩留まりも向上し，最終的にはチップ 1 個あたりの価格も下げることができる．

演習問題

10-1　微細加工と従来の機械加工との違いを工程手順の観点から述べよ．

10-2　微細加工技術はトップダウン／ボトムアップの観点でも分類できる．それぞれについて説明せよ．

10-3　スケール効果について説明せよ．

10-4　薄膜形成プロセスにおけるステップカバレッジ（step coverage，段差被覆性）について説明せよ．

10-5　エッチング時のマスク選択比や下地選択比が変わることで，加工形状がどのように変化するか述べよ．

10-6　ウェットエッチングとドライエッチングの利点をそれぞれ説明せよ．

10-7　一つの工程で，1000 個製作する間に 1 個の不良品が発生する場合，全工程が 50

ステップの製品と，全工程が500ステップの製品のそれぞれの歩留まりを求めなさい．

10-8　基板上において，1 cm^2 あたりに欠陥が一つある場合，チップ面積が 10 mm^2 のときと，チップ面積が 100 mm^2 のときのそれぞれの歩留まりを求めなさい．

10-9　製品の低価格化のために，材料としてのシリコンウエハは大口径化している．同じサイズのチップを製作する場合，直径 200 mm のウエハと直径 300 mm のウエハとで製作できるチップ数にどれくらい差が出るか計算せよ．

付録
代表的な非破壊検査法

第２章の鋳造，第７章の溶接，第８章の塑性加工で解説した欠陥を検出するための方法として，破壊検査と非破壊検査が知られている．破壊検査では，JIS や ISO などの規格に沿って製作した試験片を破壊し，強度や靭性などの要求性能が満足するかを確認する．非破壊検査では，材料や溶接部を破壊せずに欠陥の有無を検出し，その良し悪しを判断する．以下では，現在主流になっている非破壊検査について，その代表的なものを説明する．

(1) 磁粉探傷試験 (magnetic particle testing)

強磁性体材料は電磁石を当てて通電すると磁化し，材料内部で磁束の流れが生じる．このとき，磁束を妨げる傷などの欠陥が存在する場合は，磁極が現れて外部空間に漏洩磁束が発生する．ここに微細な磁粉を散布すると，欠陥部に磁粉が付着し磁粉模様が形成されるため，欠陥を検出することができる．この試験は，表層部に存在する極微細な欠陥の検出が可能であるが，測定の原理上，鉄鋼などの強磁性体材料にしか適用できない．

(2) 浸透探傷試験 (liquid penetrant testing)

洗浄した工作物に対し，ぬれ性の高い染色液（探傷液）を塗布する．表面に傷やピンホールなどの欠陥が存在すると，毛細管現象により探傷液が傷内部に浸透する．その後，表面に残った探傷液を除去し，白色微細粉末（現像剤）を散布すると，傷内部に浸透した探傷液が吸出され，指示模様が形成されて欠陥を検出することができる．この試験は，強磁性体に限定されず，さまざまな材料に適用可能である．一方，洗浄しても除去できない異物が欠陥に付着している場合は，探傷液が浸透せず，欠陥の検出ができないことがある．

(3) 渦流探傷試験 (eddy current testing / electromagnetic testing)

工作物表面に交流磁場を発生させるコイルを接近させると，電磁誘導現象によって材料表面に渦電流が生じる．このとき，工作物に傷などの欠陥があれば，渦電流分布が変化し，コイルに誘起される電圧が変動するため，欠陥を検出することができる．つまり，表面に開口した欠陥を非接触で検出できる．しかしながら，工作物の形状が複雑な場合は，信号が変動しやすく，欠陥を正確に検出できないことがある．

(4) 放射線透過試験 (radiographic testing)

工作物の底面側に放射線で感光するフィルムを配置し，上方から放射線を照射する．放射線は工作物を透過してフィルムに到達するが，内部に空隙などの欠陥がある場合は，その箇所の放射線透過量が増大し，フィルムを黒く感光させる．これにより，欠陥を検出することができる．この試験は，ブローホールやスラグ巻込みなどの放射線透過方向に厚さのある内部欠陥は容易に検出することができるが，き裂といった内部欠陥は放射線透過量に差が生じにくいため判別できない場合がある．

(5) 超音波探傷試験 (ultrasonic testing)

探触子によって工作物に入射された超音波パルスは，材料内部を伝播し，底面や欠陥といった境界部で反射して同探触子で受信される．これにより，反射した超音波パルスの強度や伝播時間から，欠陥の位置や大きさを推定することができる．この試験は，入反射における超音波パルスの強度差から欠陥を測定する性質のため，放射線透過試験では検出しにくいき裂などの欠陥の検出に優れている．一方で，ブローホールのような球状欠陥は，超音波パルスが四方八方に反射するため，検出することが困難な場合がある．

演習問題解答例

■第２章

2-1 シリンダーブロック．穴や中空部を削り出すのは手間であり，切りくずとなる部分は無駄になるため．

2-2 ① 溶湯の急冷に伴う収縮分のための体積増分．

② 鋳造後の機械加工を施すための体積増分．

③ 模型製作時に設ける，模型を鋳型から鋳型面を損なうことなく抜き取るための勾配．

④ 不純物の直角方向への集中を避けるための丸み，応力集中を避けるための丸み．

2-3 ① 溶湯の凝固収縮の不足分の補充，溶湯に圧力を加えることによる欠陥の防止．

② スラグによる欠陥の防止，溶湯が鋳型内に充満したことの確認．

③ 中空部品を製作するための挿入物．

2-4 砂落とし，ばり取り，酸洗い，シーズニング．

2-5 鋳造後，形状や寸法変化の経時変化を抑えるため，熱処理によるひずみ除去を行うこと．

2-6 ① 流動性が悪く，溶湯が鋳型のすみずみまでいきわたらないこと．対策：鋳込み温度を低すぎないようにする．鋳込みを静かに素早く行う．

② ガスが鋳物中に閉じ込められて生じる空洞．対策：砂型の通気性の活用．溶湯の圧入によるガスの排出．針などによる気抜き．鋳込みをゆっくり行う．

③ 凝固時の金属の収縮によって鋳物内部あるいは鋳物と鋳型との間に生じる大きな空洞．対策：押し湯を効率よく行う．

2-7 耐火性：高温にさらされても，燃焼や化学反応を生じないこと．

通気性：鋳込みによって発生するガスや水蒸気の発散性がよいこと．欠陥の要因の排除．

粘結性：溶湯の重量に耐えられる強度．

再利用性：繰返し使用によるコスト削減．

2-8 凝固収縮，鋳造変形，湯流れ不完全，ひけ巣など．

2-9 一方凝固：磁性，耐熱合金．

高圧鋳造法：凝固組織が微細，金属組織が均質．

超急冷凝固法：磁性，耐食性，耐熱性，高強度．

2-10 ① チル層：急冷された微細結晶粒領域．多くの核生成によって短時間に生じた最初の固相．

② 柱状晶帯：鋳物内部に伸長し，整列化した結晶粒領域．柱状晶の成長方向は鋳型内面に対して垂直．

③ 等軸晶領域：互いに干渉し合うまで結晶が成長した領域．等方的あるいは球状の場合がある．

■第3章

3-1 穴の仕上げ加工．切削に加えてバニッシング機能を有している．なおバニッシングとは，工具の面を工作物に押しつけて，内径加工面の面粗度・円筒度を向上させることである．加工例として，ボルトや軸受けの穴に加えて，位置決め用の穴がある．

3-2 ① 角度が大きいほど切削抵抗は低下するが，刃先の強度が弱くなる．負の角度にして強度を高めることもある．

② 前逃げ角は，バイト先端裏面と工作物との接触を少なくする．横逃げ角は，加工面とバイト側面との送りによる接触を防ぐ．

③ バイト先端が工作物を摩耗しないように付与する角度．

3-3 $V = \dfrac{d \times \pi \times n}{1000} = \dfrac{200 \times 3.14 \times 500}{1000} = 314\ \text{m/min}$

3-4 硬さ，靭性（粘さ，強さ），耐熱性，刃先の成形性，耐摩耗性．

3-5 ① SK　② SKS　③ SKH

3-6 刃先の損耗による工作物の寸法誤差，工具の損耗量，仕上げ面の性状変化，切削抵抗の増大，切削温度，振動，音響など．

3-7 潤滑，冷却，切りくずの排除，被作物の表面被覆による防錆．

3-8 切削抵抗の増大や変動が大きくなると，切削所要動力の増大，刃物の寿命低下，工作物の表面粗さの増大，工具の欠損などの問題を生じる．

3-9 $F_c = k_s \times t \times f = 1000 \times 1.0 \times 0.5 = 500\ \text{N}$

3-10 ① 刃先のすくい面上を切りくずが流れるとき，摩擦熱により高温になる．

② すくい面と切りくずの表面との間に凝着現象が生じ，工作物の薄い膜ができる．

③ 膜が次第に厚さを増し，安定した硬い物質となって刃先に凝着する．

3-11 利点：切削抵抗の低下，刃先の摩耗が抑制，切りくず処理性の向上（切りくずがカールする）．

害：構成刃先の成長と脱落による仕上げ面粗さの増大，仕上げ面の性状劣化（クラック，外観，耐食性），工具のチッピングの発生．

3-12 切削工具のすくい角を大きくする，切削工具のすくい面を潤滑にする（＝工作物の溶着防止），切削速度を上げて構成刃先を軟化．

3-13 切削油剤による十分な潤滑・冷却，切刃を鋭利に保つ，切取り厚さを薄くする（＝送り量減少・横すくい角増大），せん断角が大きくなるような条件を選ぶ．

■第4章

4-1 砥石の結合度を軟らかくする，切込み量を小さくする，送り量を小さくする，研削速度を上げる．

4-2 潤滑作用：加工変質層の低減，研削割れ防止，砥石の寿命延長，摩擦熱の抑制，摩耗量の減少．

切りくず除去：研削能力維持，切りくずの洗い流し，目詰まり防止．

冷却作用：焼き付き防止，温度上昇防止，研削焼けや加工熱変質層発生防止．

4-3 結合度：砥粒を支持する強さ．組織：砥粒の単位体積中に占める砥粒の割合．

4-4 鈍化した砥粒切れ刃を除いて新しい切れ刃を創出，砥石の気孔に詰まっている切りくずを除去，新しい切りくず空隙を創出．

4-5 ダイヤモンドドレッサ：高速回転中の砥石切れ刃を切削する．クラッシローラ：砥石に突き当て，圧縮応力を加え，破砕する．

4-6 砥粒の先端部が摩耗することで切削力が増大し，砥粒に割れを生じる．割れが生じることで再び鋭い切れ刃が回復する．小さくなった砥粒がさらに割れることにより，結合剤が小さな砥粒を保持できなくなって脱落し，新たな砥粒が下地より生じる．

4-7 切りくずが容易に排出でき，目詰まりが防止できるため．

4-8 ① 原因：砥石の組織が密なため，気孔への切りくずの排出が困難なことによる．対策：砥粒が破砕しやすく，粗い砥石を選択する．きれいな研削液を使用する．

② 原因：結合度が硬すぎるため，砥粒先端部が摩耗することによる．対策：軟らかい結合度で，粗い砥石を選択する．

③ 原因：結合度が軟らかすぎるため，砥石が異常に減少することによる．対策：結合度の硬い砥石を選択する．

4-9 利点：切りくずが高温化することで被削材が軟化し，切りくず生成が容易になる．

害：加工変質層が増大し，研削割れや研削焼けを生じ，製品の品位が劣化する．

4-10 ① 研削による残留応力によって研削表面にき裂が発生すること．対策：研削前に適当な温度で焼戻しし，金属組織の安定化を行う．

② 高い研削温度により研削表面が酸化し，干渉色を呈すること．対策：最高温度および加熱時間を短くするような研削条件を選ぶ．

4-11 研削熱：急な加熱と冷却により金属組織が変化．塑性変形:研削表面近傍の加工硬化．

■第5章

5-1 ホーンが浮遊状態にあり，工作物端面からのゆがみに沿って摺動するため．

5-2 クロスハッチの条痕が残り，ピストンなどの相手材を適度に摩耗させるため．

5-3 砥石が目詰まりを生じることで，接触面積が増大し，砥粒が工作物表面に小さな荷重で接触し，比較的短時間で鏡面が得られるため．

5-4 砥粒が多方向からの切削抵抗を受けるので，切れ刃の自生作用が大きいため．目詰まりを生じることで砥石と工作物との折衝面積が拡大し，加圧圧力が減少するため．

5-5 湿式法：高速で行われるため作業能率が高く，荒仕上げに使用される．

乾式法：仕上げ量が小さくなるため，精密仕上げやつや出しに使用される．

5-6 ばり取り，丸み付け，光沢仕上げ．

5-7 得られる効果:表層の微小領域が塑性変形し，加工硬化する．製品例:板ばね，歯車，軸類など．

■第 6 章

6-1 空気など，障害物に当たるとパワー密度が得られなくなるため．工作物への汚染を少なくするため．

6-2 陰極：水素ガスが発生するのみ（消耗しない）．陽極：工作物表面がイオンとなって電解液中に溶解．

6-3 電解加工中に生じる加工物の表面酸化皮膜（絶縁体）の除去（切削作用はほとんどない）．

6-4 熱伝導がよいため加工中に溶解せず加工が可能，成形が容易，安価など．

6-5 焼入れ，切断，溶接，穴あけなど．

6-6 深い侵入性，収束性，パワー密度，加工中の汚染低減，非接触加工，微細加工が可能．

■第 7 章

7-1 酸素，アセチレン．

7-2 役割：溶着金属を覆い，窒化や酸化を防止．作用:高融点酸化物を融解し，除去する．

7-3 ① ビード，溶着金属　② クレータ

要因：電流の強さ，アークの長さと安定性，溶接棒の種類，溶接速度，溶融池の深さ，進行速度など．

7-4 マグ溶接：電極に溶接棒を使用．ティグ溶接：電極には溶融しないタングステンを使用，溶接棒を外部から加える必要がある．

7-5 $Q = RI^2t = 100 \times 10^2 \times 60 = 600\ \mathrm{kJ}$

7-6 接合方法：まず，2 枚のローラ電極に低周波電流を流す．次に，自動的に丸められた管の素材の継目を加熱する．そして，両側の圧縮ロールで加圧して接合する．

製品例：電縫管（管の長手方向の継目の接合に使用）など．

7-7 製品例：エンジンバルブ，異材接合シャフトなど．

製作過程：二つの母材を接触・加圧しながら，一方だけ回転させて接合部を摩擦熱により高温にする．接合温度に達した時点で回転を止め，強い圧力を加えて接合する．

7-8 接合方法：まず，先端に突起物（プローブ）のあるツールを，回転させながら突き

合せた接合部に押し込む．次に，摩擦熱によって軟化した材料を攪拌（塑性流動）させて接合する．

製品例：新幹線や自動車のボディなど．

7-9 気泡：ガスによる空洞で，溶接部の強度が低下する．

スラグ巻き込み：スラグは溶接時に発生する非金属組成の物質で，溶接内部に巻き込まれると強度が低下する．

溶け込み不良・アンダーカット：衝撃や繰返しの応力に対する強度が低下する．

割れ：溶接時の急加熱・急冷により発生し，溶接部の強度が低下する．

ひずみ：溶接時の加熱による膨張・収縮によりひずみを生じる．

■第 8 章

8-1 鋳造組織の破壊，金属組織の均質化，気泡の圧着．

8-2 軟質板から硬質板を得る，表面の平滑性をよくする．

8-3 鍛造などにより製造された素材が有する長手方向の繊維状組織により，耐衝撃値が向上する．

8-4 自由鍛造の利点：多様な形状の製品に適用可能（多品種少量生産に適している）．

自由鍛造の欠点：変形が材料の局部に限定され，場所によって引張応力が作用（割れが発生）．

型鍛造の利点：複雑な形状の製品を加工可能で生産性が高い（少品種大量生産に適している）．

型鍛造の欠点：加工の最終段階で荷重が急激に増大（とくに密閉鍛造の場合，型の破損を生じやすい）．

8-5 熱間塑性加工の利点：加工荷重の低減．

熱間塑性加工の欠点：加熱・冷却に伴う熱膨張や収縮が生じ寸法精度が劣る，素材表面が酸化，熱の影響により型寿命が短い．

冷間塑性加工の利点：加熱・冷却による寸法変化が少なく寸法精度がよい，素材表面が酸化されず製品表面の状態が良好．

冷間塑性加工の欠点：変形抵抗が大きく加工硬化を伴うため，大きな荷重・高価な金型が必要．

8-6 欠肉：ばり出し鍛造への切り替え，ひけ：面取りの実施，座屈：工程の分割，表面割れ：潤滑の実施，内部割れ：工程の見直し．

■第 9 章

9-1 結晶性プラスチックは，冷却時に分子が束になって一部結晶化するため，非結晶性プラスチックに比べて容積が小さくなる．そのため成形時の収縮率は大きくなるが，結晶化により剛性や耐熱性はよくなる.

9-2 自動車には，燃費向上や二酸化炭素排出量低減を目的として，主に軽量化のために多くのプラスチックが用いられている．外装，内装，エンジンルームなどにおいて，さまざまな種類のプラスチックが適用されている．具体的な例を調べるとよい.

9-3 ポリエチレン，ポリスチレン，ポリプロピレン，ポリ塩化ビニル．日本のプラスチック生産量に占める四大プラスチックの割合は70％を超える.

9-4 射出成形によって有底パリソン（プリフォームともいう）を形成した後に，2軸延伸ブロー成形によって造形される.

9-5 可塑化した樹脂が固化する過程で圧力をかけることができるので，肉厚成形品でも，体積収縮による表面の収縮の痕や凹み（ひけ）の発生を防止できるため.

9-6 ポリ乳酸は，トウモロコシやジャガイモなど，植物由来の素材を原料にしている．造形中の冷えによって起こるひずみや反りに強く，造形が比較的安定している.

9-7 地球温暖化，大気汚染，水質汚染，土壌汚染，海洋汚染などについて，プラスチックの製造，プラスチック製品の利用，およびその廃棄物などとの関連性について調べるとよい.

■第10章

10-1 微細加工は多層工程を同一基板に適用する一方で，従来の機械加工は各部品を並列に製作して組立する.

10-2 トップダウン法：素材の塊から余分な部分を取り除いて目的の形状や構造をつくる（本章の内容）.

ボトムアップ法：原子や分子を積み上げて，目的の構造を製作する.

10-3 物体の大きさ（代表寸法）が変化すると，その物体にはたらく力や作用などの大きさや比が変わり，挙動が異なること.

10-4 基板の表面にある微細な段差部（蒸発源に対して垂直方向の側面）の膜の被覆状態のこと．解図10-1に示すように，段差部に薄膜形成したとき，最も薄い部分での厚膜（A）を平坦部分での膜厚（T）で割った値である.

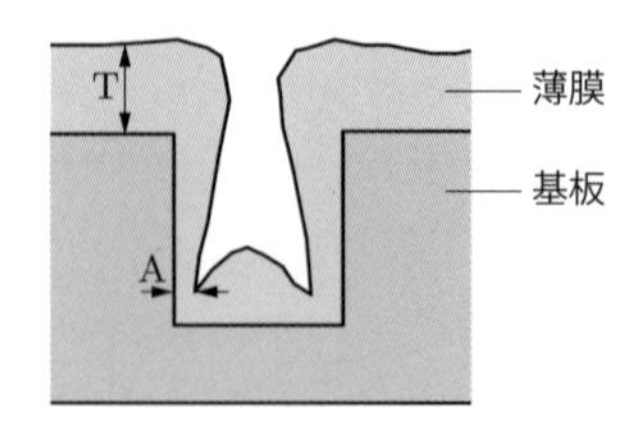

解図10-1　ステップカバレッジ

10-5 解図 10-2 (a) に示すように，マスク選択比が低い場合，保護層がテーパ状になり，マスクパターンと被加工材層の間で寸法変換差を生じる．また，図 (b) に示すように，下地選択比が高ければ，オーバーエッチング時に削れてしまう下地層を少なくできる．

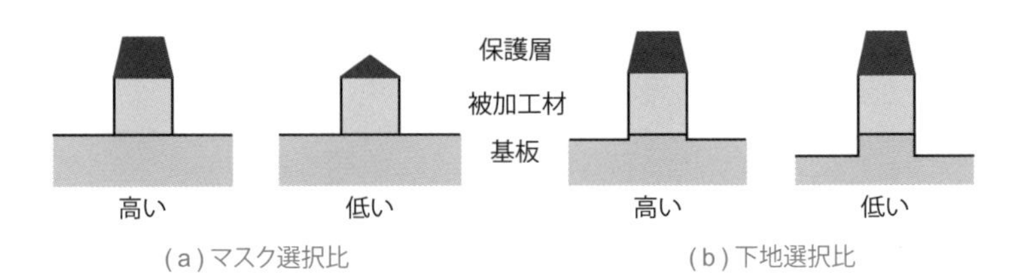

解図 10-2　選択比の比較

10-6 ウェットエッチングの利点：コストが安く，生産性が高い．
ドライエッチングの利点：微細なパターンの製作に適している．また，垂直方向に腐食が進むため，微細なパターンが製作できる．

10-7 1 工程における歩留まりが 99.9% であるため，全工程が 50 ステップの製品ならば歩留まりは 95% であり，全工程が 500 ステップの製品ならば歩留まりは 61% となる．

10-8 基板上の単位面積あたりの欠陥の数が 0.01 mm^{-2} であるため，チップ面積が 10 mm^2 ならば歩留まりは 90% であり，チップ面積が 100 mm^2 ならば歩留まりは 37% となる．

10-9 面積比は 300/200 = 1.5 の 2 乗であり，300 mm ウエハを使用すれば，同じサイズの IC チップが 2.25 倍製作できる．ウエハ 1 枚の加工コストや加工時間に大きな違いがない場合，大口径化によりチップ単価が下げられる．

参考文献

■第 1 章
[1] 株式会社豊田自動織機 HP
[2] 武藤一夫，図解よくわかる機械加工，共立出版，2012 年，p. 3
[3] 萱場孝雄，加藤康司，機械工作概論 (第 2 版)，オーム社，1995 年，p. 2
[4] 矢内精工株式会社 HP
[5] 日本ガイシ株式会社提供
[6] ジヤトコ株式会社 HP
[7] 金属技研株式会社 HP
[8] 東レ株式会社提供
[9] 日本ガイシ株式会社提供
[10] 信越化学工業株式会社 HP

■第 2 章
[1] 臼井英治，松村隆，機械製作法要論，東京電機大学出版局，1999 年，p. 23
[2] 萱場孝雄，加藤康司，機械工作概論 (第 2 版)，オーム社，1995 年，p. 21
[3] 萱場孝雄，加藤康司，機械工作概論 (第 2 版)，オーム社，1995 年，p. 22
[4] 萱場孝雄，加藤康司，機械工作概論 (第 2 版)，オーム社，1995 年，p. 24
[5] 西沢泰二，佐久間健人編著，金属組織写真集 鉄鋼材料編，日本金属学会，1979 年，p. 16
[6] 西沢泰二，佐久間健人編著，金属組織写真集 鉄鋼材料編，日本金属学会，1979 年，p. 17
[7] 荒木透，鋳鋼・鋳鉄，朝倉書店，1970 年，p. 253
[8] 日本金属学会，鋳造凝固，丸善，2002 年，p. 132
[9] 日本金属学会，鋳造凝固，丸善，2002 年，p. 93

■第 3 章
[1] 京セラインダストリアルツールズ株式会社 HP
[2] 大西久治，機械工作要論 (第 4 版)，オーム社，2013 年，p. 126
[3] 大日金属工業株式会社 HP
[4] 臼井英治，松村隆，機械製作法要論，東京電機大学出版局，1999 年，p. 130
[5] 小坂弘道，切削加工の基本知識，日刊工業新聞社，2007 年，p. 68
[6] 武藤一夫，図解よくわかる機械加工，共立出版，2012 年，p. 88
[7] 株式会社牧野フライス製作所 HP
[8] 富塚清，機械工学概論 (改訂版)，森北出版，1974 年，p. 124
[9] 萱場孝雄，加藤康司，機械工作概論 (第 2 版)，オーム社，1995 年，p. 31
[10] 星光一，金属切削：構成刃先について，工業調査会，1960 年，p. 20
[11] 臼井英治，松村隆，機械製作法要論，東京電機大学出版局，1999 年，p. 129
[12] 武藤一夫，図解よくわかる機械加工，共立出版，2012 年，p. 61

■第 4 章
[1] 岡本工作機械製作所タイ工場 HP
[2] 萱場孝雄，加藤康司，機械工作概論 (第 2 版)，オーム社，1995 年，p. 92
[3] 日本熱処理技術協会編集，熱処理ガイドブック (全面改訂版)，大河出版，2002 年，p. 181

■第５章
［1］ 株式会社アトライズイナケン HP
［2］ 臼井英治，松村隆，機械製作法要論，東京電機大学出版局，1999 年，p. 172
［3］ 株式会社ナーゲル・アオバ プレシジョン HP
［4］ 中島利勝，鳴瀧則彦，機械加工学，コロナ社，1983 年，p. 196
［5］ 萱場孝雄，加藤康司，機械工作概論（第 2 版），オーム社，1995 年，p. 162
［6］ 浜井産業株式会社 HP
［7］ 株式会社ハーブ HP
［8］ 山科精器株式会社 HP

■第６章
［1］ 帯川利之，笹原弘之編著，はじめての生産加工学 2　応用加工技術編，講談社，2016 年，p. 42
［2］ 精密工学会，精密工作便覧，コロナ社，1992 年，p. 484
［3］ 佐藤敏一，特殊加工，養賢堂，1987 年，p. 42
［4］ 接合・溶接技術 Q&A1000，産業技術サービスセンター，1999 年，p. 736

■第７章
［1］ 萱場孝雄，加藤康司，機械工作概論（第 2 版），オーム社，1995 年，p. 185
［2］ 大橋修，田沼欣司，木村隆，拡散溶接部の密着部での酸化皮膜の挙動，溶接学会論文集，1986 年，Vol.4，p. 53
［3］ 日本溶接協会マイクロソルダリング教育委員会編，標準マイクロソルダリング技術（第 4 版），日刊工業新聞社，2024 年，p. 61

■第８章
［1］ 大西久治，機械工作要論（第 4 版），オーム社，2013 年，p. 70
［2］ 日本塑性加工学会，塑性加工便覧，コロナ社，2006 年，p. 180
［3］ 大西久治，機械工作要論（第 4 版），オーム社，2013 年，p. 68
［4］ 株式会社イチタン HP
［5］ 湯川伸樹，鍛造，軽金属，軽金属学会，2008 年，Vol.58，p. 39
［6］ 大西久治，機械工作要論（第 4 版），オーム社，2013 年，p. 57
［7］ 湯川伸樹，鍛造，軽金属，軽金属学会，2008 年，Vol.58，p. 41, 42
［8］ 湯川伸樹，鍛造，軽金属，軽金属学会，2008 年，Vol.58，p. 42
［9］ 村井勉，マグネシウムの押出し，軽金属，軽金属学会，2009 年，Vol.59，p. 592

索引

■ま行

■や行

■ら行

■わ行

著者略歴

小山真司（こやま・しんじ）

2001 年　滋賀県立大学大学院工学研究科材料科学専攻 修士課程修了
2005 年　大阪大学大学院工学研究科生産科学専攻 博士後期課程単位修得退学
同　年　公益財団法人応用科学研究所 入所
2008 年　群馬大学大学院工学研究科機械システム工学専攻 助教
2016 年　群馬大学大学院理工学府知能機械創製部門 准教授
　　　　現在に至る
　　　　博士（工学）

鈴木孝明（すずき・たかあき）

2003 年　京都大学大学院エネルギー科学研究科エネルギー変換科学専攻 博士後期課程修了
同　年　京都大学大学院工学研究科 日本学術振興会特別研究員（PD）
2004 年　京都大学大学院工学研究科マイクロエンジニアリング専攻 助手
2007 年　同助教
2008 年　香川大学工学部知能機械システム工学科 准教授
2015 年　群馬大学大学院理工学府知能機械創製部門 准教授
2018 年　同教授
　　　　現在に至る
　　　　博士（エネルギー科学）

荘司郁夫（しょうじ・いくお）

1992 年　京都大学大学院工学研究科金属加工学専攻 修士課程修了
同　年　日本アイ・ビー・エム株式会社 入社
1998 年　大阪大学大学院工学研究科生産加工工学専攻 博士後期課程修了
2000 年　群馬大学工学部機械システム工学科 助手
2004 年　同助教授
2007 年　群馬大学大学院工学研究科機械システム工学専攻 准教授
2009 年　同教授
2014 年　群馬大学大学院理工学府知能機械創製部門 教授
　　　　現在に至る
　　　　博士（工学）

小林竜也（こばやし・たつや）

2011 年　群馬大学大学院工学研究科機械システム工学専攻 博士前期課程修了
同　年　株式会社東芝生産技術センター 入社
2019 年　群馬大学大学院理工学府理工学専攻 博士後期課程修了
同　年　群馬大学大学院理工学府知能機械創製部門 助教
　　　　現在に至る
　　　　博士（理工学）

よくわかる機械加工

2024年6月28日　第1版第1刷発行

著者　　　小山真司，鈴木孝明，荘司郁夫，小林竜也

編集担当　福島崇史（森北出版）
編集責任　富井晃（森北出版）
組版　　　ビーエイト
印刷　　　丸井工文社
製本　　　　同

発行者　森北博巳
発行所　森北出版株式会社
〒102-0071　東京都千代田区富士見1-4-11
03-3265-8342（営業・宣伝マネジメント部）
https://www.morikita.co.jp/

ISBN 978-4-627-67711-1